世界でいちばん素敵な

微生物の教室

The World's Most Wonderful Classroom of Microorganisms

変形菌の *Stemonitopsis typhina*。

はじめに

学校で習う生き物は動物や植物ばかりで、微生物は高校でもほんの少し扱うだけです。このような背景もあってか、微生物のことがよくわからないということばをしばしば耳にします。学校で習わないだけでなく、目に見えないということも、微生物のわかりづらさに輪をかけているような気がします。

そんな微生物を紹介しているのが、本書です。一見、とっつきづらいように思える微生物に関する事柄をビジュアル多用で解説し、見ているだけでも楽しくなってくるはずです。
また、一問一答形式になっているので、どこから読んでも問題ありません。パラパラとページをめくって、目についたところを読んでみてください。次第に微生物の面白さや奥深さを感じるようになってくると思います。

そもそも、微生物ってなんでしょうか?　大腸菌と麹菌は同じ仲間なのでしょうか?　細菌には病気を引き起こす悪い奴らしかいないのでしょうか?

微生物は地球上のありとあらゆるところに生息しています。海、山、川、田畑、家、神社仏閣、大気、動植物、皮膚、胃腸から、煮え立っている温泉や深海底まで、微生物がいないところを探すのが難しいくらいです。

キノコのように目に見える微生物もいる一方、ウイルスは微生物どころか、生物でさえありません。では、いったい何者?

さぁ、いろいろと疑問が湧いてきたと思います。
この「はじめに」を読んでしまったあなたは、もう本書を読むしかありません。そして、微生物の深淵に触れてみてください。

鈴木 智順

光学顕微鏡写真で観察した淡水性緑藻のコロニー。

監修：鈴木 智順（すずき とものり）

東京理科大学教授。専門は系統微生物学、微生物生態学、環境微生物などに基づいた応用微生物学、環境農学。環境中に存在する微生物の種類やその活動を、微生物学、分子生物学の手法などを通して研究している。また、光触媒を用いた殺菌メカニズムの研究も行っている。主な著書に『理工系の基礎生命科学入門』（共著、丸善出版）、監修書に『ずかん 細菌』（技術評論社）、『世界一やさしい！ 微生物図鑑』（新星出版社）などがある。

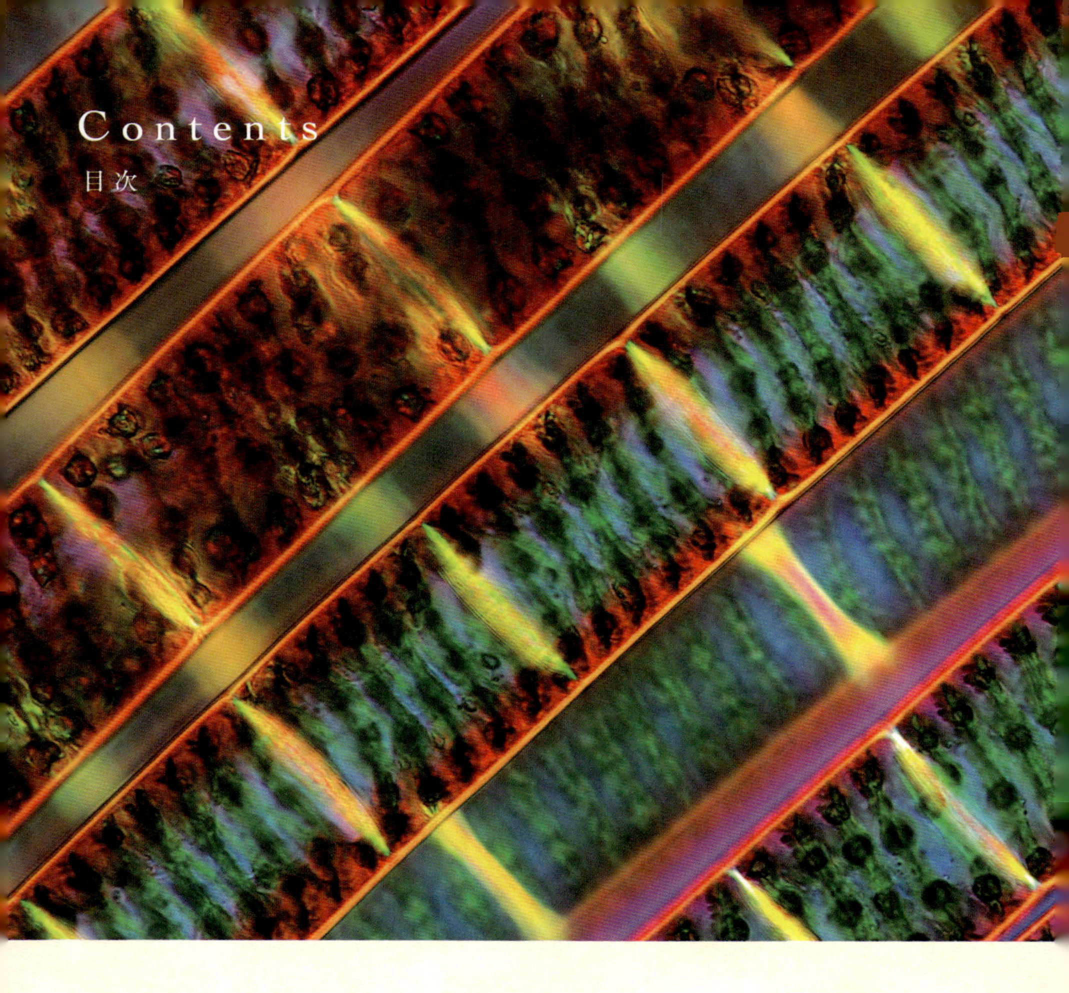

Contents
目次

緑藻のスピロギラ属のコロニーを偏光顕微鏡で撮影した様子。

Q 微生物って、どんな生き物なの？

これは化石化した珪藻（けいそう）の写真です。珪藻は光合成を行う微生物です。

A

一生のほとんどが目に見えないくらい小さな生き物のことをいいます。

厳密な定義はありませんが、目に見えないのが「微生物」です。

人間の肉眼で確認できる限界は約0.1～0.2mmとされていて、それ以下のサイズの生物が一般に「微生物」と定義されます。そのため、0.2～0.5mm程度のダニは微生物には含まれませんし、約0.2mmのゾウリムシも微生物とはいえないかもしれません。また、同じ種類の生物でも個体によって大きさが異なるため、微生物かどうかの判断が難しい場合があります。

Q1 微生物のサイズって、具体的にはどれくらい？

A 約0.1mm以下の大きさです。

微生物の大きさは種類によってさまざま。たとえば、ユーグレナ（ミドリムシ）やクロレラなどの微細藻類は約1μm（マイクロメートル）～数100μmの大きさで、大腸菌などの細菌は約1μm～5μmです。さらにウイルスは約0.02μm～0.3μmと、極めて小さいサイズになります。

生きている珪藻の一種。西アイスランドで採取された標本です。

微生物の大きさの比較表

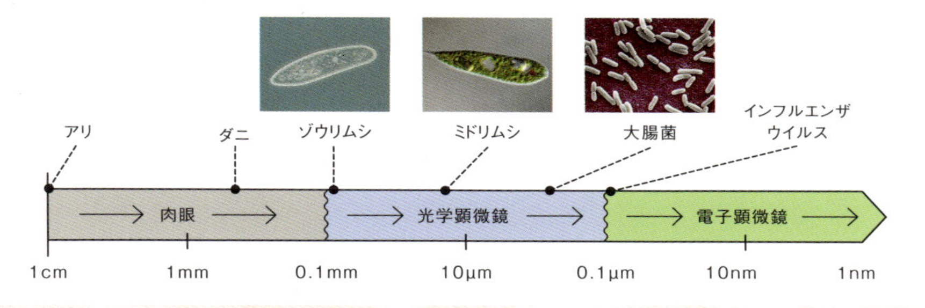

微生物は、高精度の顕微鏡を使うと観察できます。
1μmは1mmの1000分の1、1nm（ナノメートル）は1mmの100万分の1のサイズです。

微生物にはどんな種類があるの？

A 「細菌」「真菌」「藻類」「古細菌（こさいきん）」など、さまざまな種類がいます。

細菌はあらゆる環境に生息する単細胞生物です。真菌にはカビや酵母、キノコといった菌類が含まれ、藻類にはクロレラやミドリムシなど光合成を行うものもいます。古細菌は1977年に発見された微生物です。一般的な環境のほか、アルカリ性の湖、高温の温泉、深海底の熱水噴出孔付近や高塩濃度の環境など、異常な環境でも生育できるという特徴をもっています。

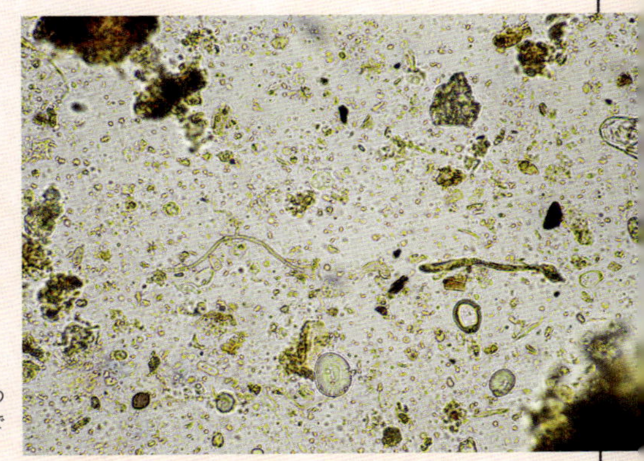

微生物は環境や人体に広く分布し、生態系や私たちの健康に大きな影響を及ぼしています。写真は顕微鏡で観察された微生物の集まりです。

3 微生物は地球環境でどういう役割を担っているの？

A 「分解者」と「生産者」の役割です。

すべての生物は互いに関わり合いながら生きています。その仕組みを「生態系」といい、そのなかで生物が「食べる—食べられる」の関係をあらわしたのが「食物連鎖」です。生産者である植物は光合成で養分をつくり、その養分を消費者である動物が摂取します。動物が死ぬと、その死骸は微生物に分解され、再び植物がその養分を取り込むのです。微生物は「分解者」と教えられた世代が多いと思いますが、微生物には光合成や化学合成で養分をつくる「生産者」としての役割もあります。

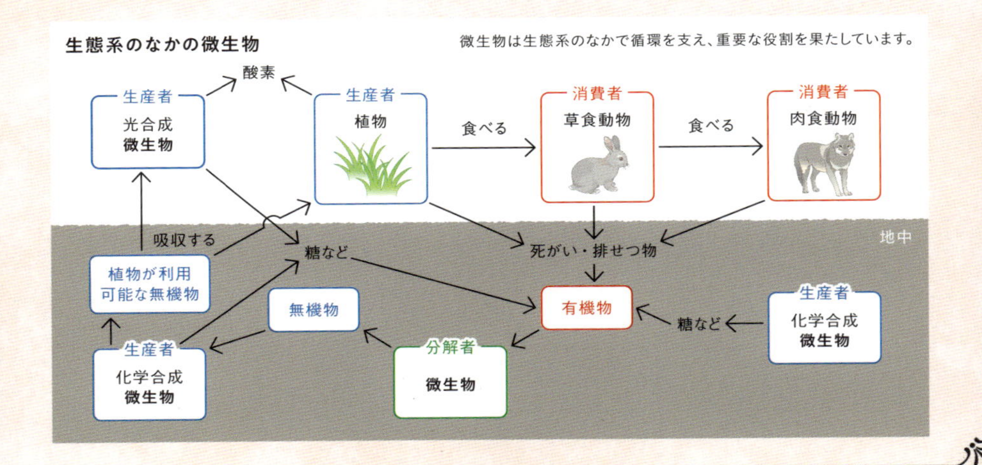

Q 微生物はいつ誕生したの？

A
約40億年前と考えられています。

オーストラリアの35億年前の地層から産出されたストロマトライトの化石です。ストロマトライトは、微生物である藍藻（シアノバクテリア）の死骸などが固まって形成されました。

私たちが暮らす地球で、いちばん最初の生物でした。

地球が誕生してから、46億年が経過しました。
最初の生物が生まれたのはいまから約40億年前と考えられています。
この初期の生物は、単細胞生物だったとされています。
また、27億年前には光合成を行うシアノバクテリアが現れ、
大気中の二酸化炭素を吸収して酸素を生成しました。
このプロセスによって、地球の大気や気候は大きく変化しました。

Q1 微生物はどれくらいの密度で存在するの？

A 少なくとも、海水1mL中に数十万匹以上います。

微生物は地球上のあらゆる環境に存在しています。たとえば1gの土壌中には約1億～10億の細菌が含まれているとされ、海水や河川などにも、1mL中に数十万匹以上の微生物が生息しています。また、ヒトの腸内や皮膚にも、多数の微生物が共生しています。

「共生」とは、異なる種類の生物が相互に作用しながら生活すること

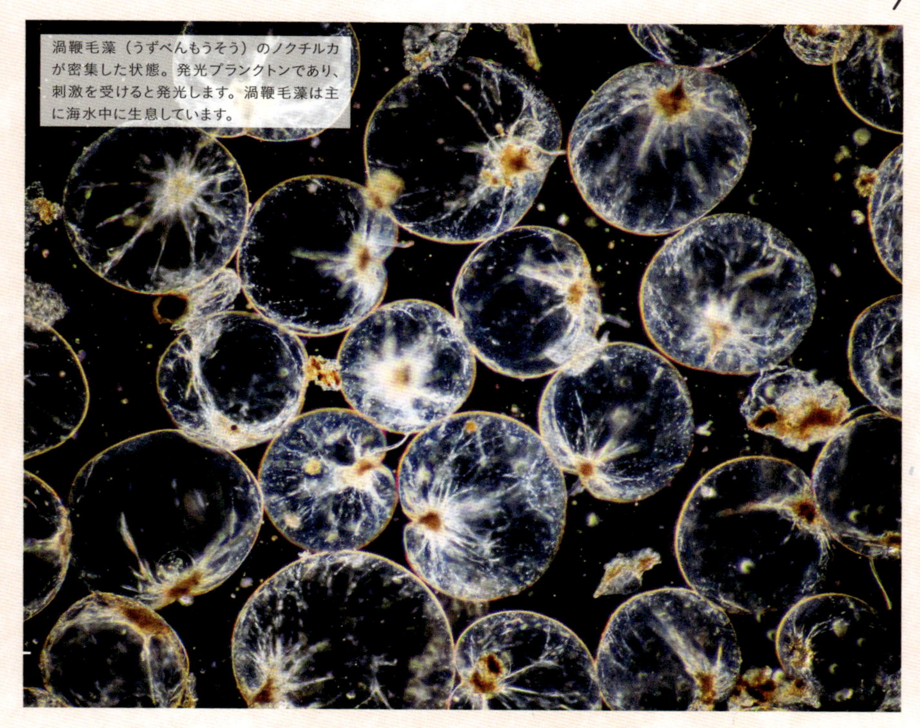

渦鞭毛藻（うずべんもうそう）のノクチルカが密集した状態。発光プランクトンであり、刺激を受けると発光します。渦鞭毛藻は主に海水中に生息しています。

Q2 世界で初めて微生物を発見したのはだれ？

A オランダの商人のレーウェンフックです。

アントニー・ファン・レーウェンフック（1632～1723年）は、17世紀のオランダで顕微鏡を用いて微生物を発見したことで知られます。彼は呉服商を営むかたわら、顕微鏡を使って細菌や精子、赤血球などを初めて観察しました。これらの発見は当時の科学界に大きな衝撃を与え、目に見えない微生物の存在を明らかにしました。この功績により、彼は「微生物学の父」と称されています。

レーウェンフックは、科学に関する専門的な知識をもたずに、独自の顕微鏡を完成させました。

Q3 微生物学が発展したのはいつから？

A 19世紀後半からです。

微生物の発見後、微生物が学問として本格的に研究されるようになったのは19世紀後半のことです。この時期、フランスの細菌学者ルイ・パスツール（1822～1895年）は病気の原因が細菌であることを証明し、またドイツの細菌学者ロベルト・コッホ（P.151）は結核菌やコレラ菌を発見しました。彼らの功績により、微生物学は大きく発展したとされています。

パスツールが実験室で研究を行っていた様子です。彼の業績は、レーウェンフックが顕微鏡で微生物を発見したことを基盤にしています。

Q 人間は、いつ頃から微生物のはたらきを活用していたの？

古代エジプトでは、すでに微生物を利用した発酵パンがつくられていました。デール・エル・メディーナには職人たちが住んでいた村があり、そこからパンを製造したり、調理したりしていた痕跡が見つかっています。写真は、その職人の墓の内部に描かれたヒエログリフ。

A

紀元前4000年よりも前からです。

自然に生まれる——、そう信じられていました。

レーウェンフックによって微生物が発見される以前から、
人々は微生物の存在を知らずに、チーズやパンをつくっていました。
また古代ギリシアでは、小さな生物は親から生まれるのではなく、
無生物から発生するという「自然発生説」が信じられていました。
つまり、微生物も無生物から生まれると考えられていたのです。

Q1 自然発生説を唱えたのは、だれ？

A 古代ギリシアの哲学者アリストテレスです。

動物の生殖などを観察してきたアリストテレス（紀元前384～322年）は、生物のなかには親の体からではなく、無生物から生まれるものも存在すると結論づけました。現代の科学ではこの論は簡単に否定されますが、実に2000年もの間、多くの科学者によって支持されていたのです。

アリストテレスは、さまざまな学問の基礎を築いた万学の祖！

アリストテレスは、ネズミやウナギも自然発生すると主張していました。

アリストテレスを悩ませたウナギの産卵場所は、近年になってようやく解明されました。

パスツールの研究により、微生物学は大きく発展しました。

Q2 自然発生説を否定したのは、だれ？

A フランスの細菌学者、パスツールです。

自然発生説に疑問を投げかけたのが、13ページでも紹介したパスツールです。実際、彼は2000年もの間信じられてきた自然発生説を覆します。

Q3 パスツールは、どのように自然発生説を否定したの？

A 「白鳥の首フラスコの実験」で証明しました。

1861年、パスツールはS字型の首をもつフラスコと普通のフラスコを使った実験をしています。S字型のフラスコは外気以外のものが通らないため、微生物やほこりが内部に入るのを防ぐことができます。この実験結果により、微生物は無生物から自然に発生するのではなく、空気中の微生物が原因で発生することが証明されました。

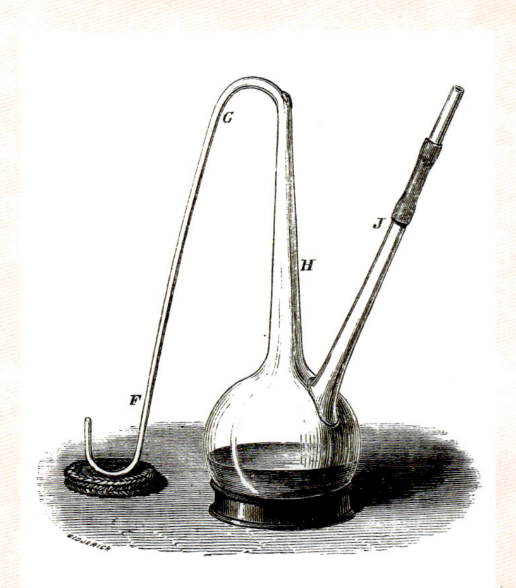

自然発生説を否定した白鳥の首フラスコ。白鳥の長い首に似ているため、こう呼ばれました。

❶S字型の首のフラスコに肉汁を入れ、加熱してフラスコ内の微生物を殺菌しました。その状態では、肉汁は長期間腐敗せず、微生物も発生しませんでした。

❷一方、普通のフラスコでは肉汁を殺菌したあとすぐに腐敗が始まりました。これは、空気中の微生物がフラスコ内に入ることによって、腐敗が進んだためです。

首がまっすぐな普通のフラスコ。

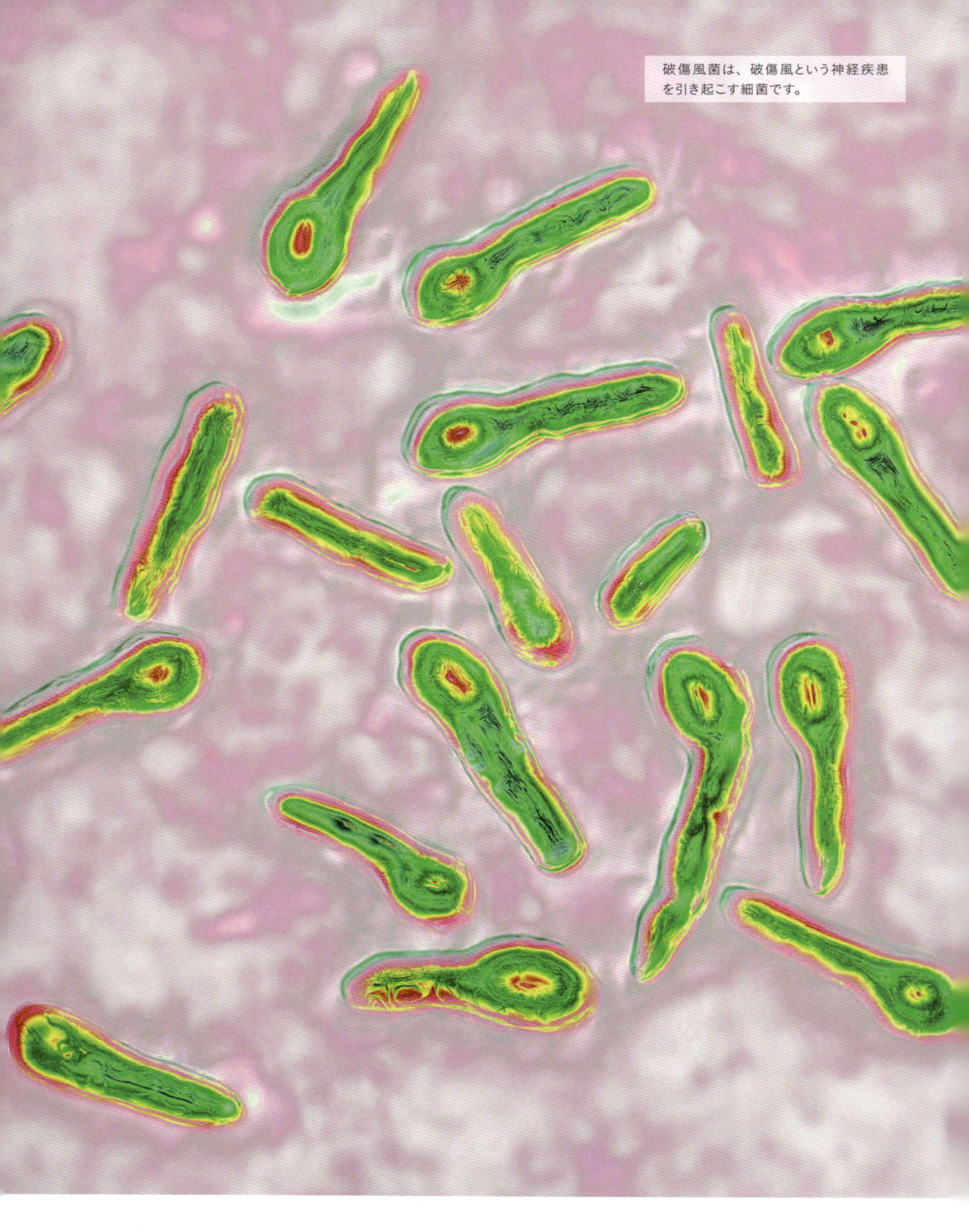
破傷風菌は、破傷風という神経疾患を引き起こす細菌です。

Q 細菌と真菌は何が違うの？

真菌である皮膚糸状菌を走査型電子顕微鏡法で観察した様子。

A
原核生物と真核生物の違いです。

核をもたないのが原核生物、核をもつのが真核生物です。

細菌と真菌(P. 9)は、細胞構造に大きな違いがあります。
細菌は核をもたない単細胞の原核生物で、
真菌は核をもつ単細胞または多細胞の真核生物です。
どちらにもDNAを含む染色体がありますが、
原核生物の染色体がむき出しなのに対し、
真核生物の染色体は核内に収められています。

「核」とは、細胞内で遺伝情報を担う最も基本的な構造

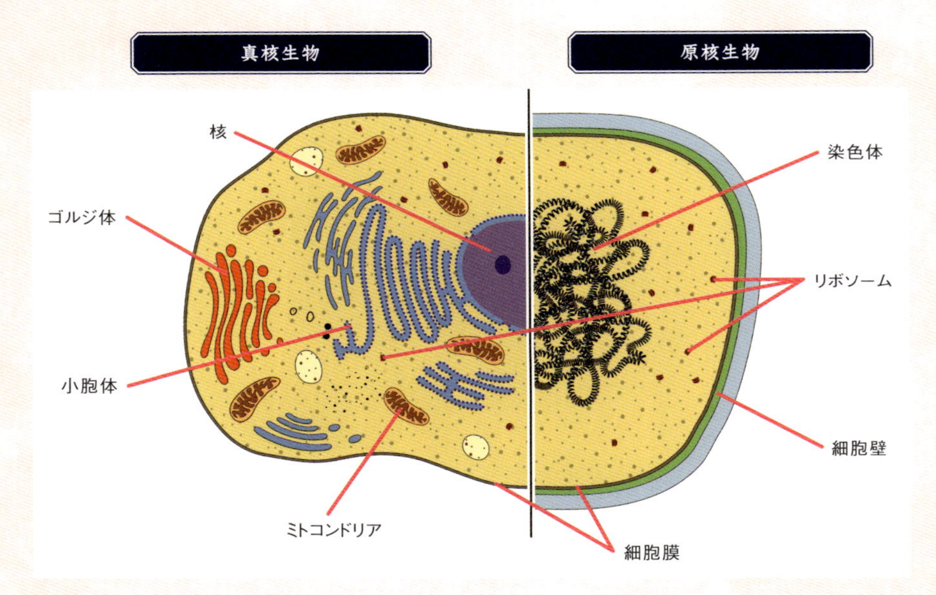

Q1 細菌には、どんな種類があるの?

A たとえば、次の3つに分けられます。

好気とは、酸素がある環境、嫌気とは、酸素がない環境

細菌にはいろいろな分け方があります。たとえば酸素の要求性によって分けると、好気性菌、偏性(絶対)嫌気性菌、通性嫌気性菌の3つに分かれます。好気性菌は、増殖に必要なエネルギーを得るために酸素を必要とします。一方、偏性(絶対)嫌気性菌は酸素を必要とせずに増殖します。通性嫌気性菌は、酸素がある環境では酸素を利用してエネルギーを得ますが、酸素がない場合は発酵などでエネルギーを得ることができます。その他にも、温度や塩分濃度への要求性による分類、形状による分類などがあります。

細菌の分類例

好気性菌	枯草菌、酢酸菌、結核菌など
偏性(絶対)嫌気性菌	ボツリヌス菌、ビフィズス菌、ウェルシュ菌など
通性嫌気性菌	乳酸菌、大腸菌、黄色ブドウ球菌など

② 細菌は、どんな形をしているの？

A 球状、棒状、らせん状のものがあります。

細菌は、形状によって「球菌」「桿菌（かんきん）」「らせん菌」に分類されます。球菌は丸い形状をしており、代表的なものに連鎖球菌やブドウ球菌があります。桿菌は棒状の形をしており、ボツリヌス菌などが含まれます。らせん菌はねじれたらせん状の形をしており、ピロリ菌などが代表例です。

球菌（黄色ブドウ球菌）

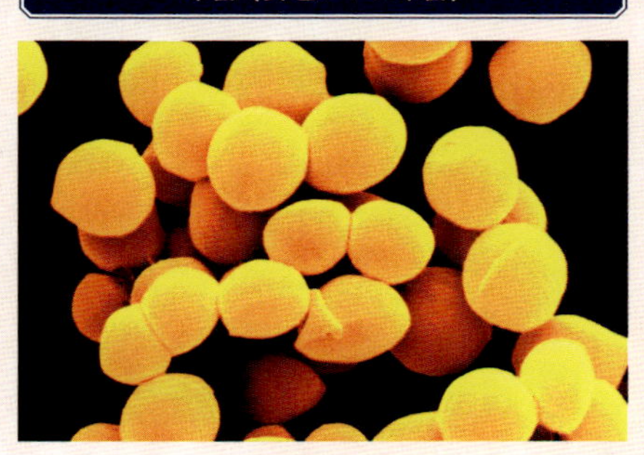

桿菌（ボツリヌス菌）

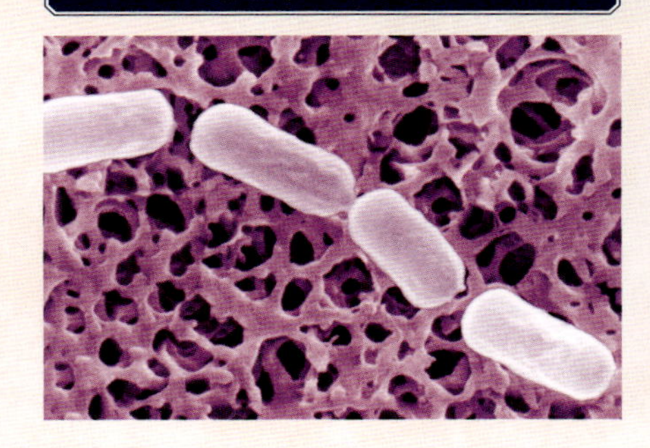

らせん菌（スピリルム属菌種）

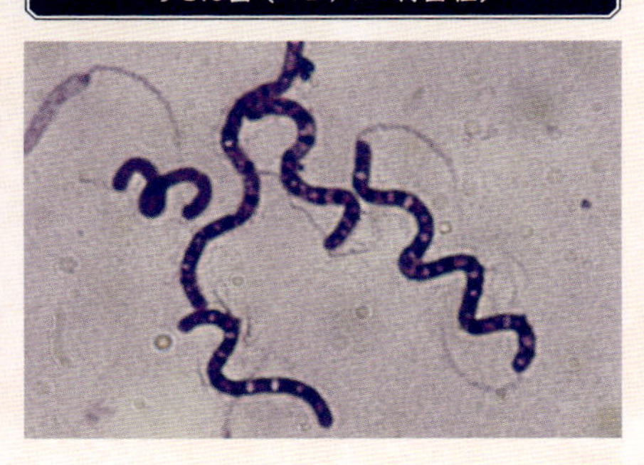

③ 細菌は、どうやって増えているの？

A 細胞分裂によって、増殖します。

細菌は無性生殖で増殖します。つまり、細胞分裂により、母細胞が２つの同一の娘細胞に分かれます。このようにして細菌は増殖し、適切な環境が整えば、短期間で数を増やすことができます。

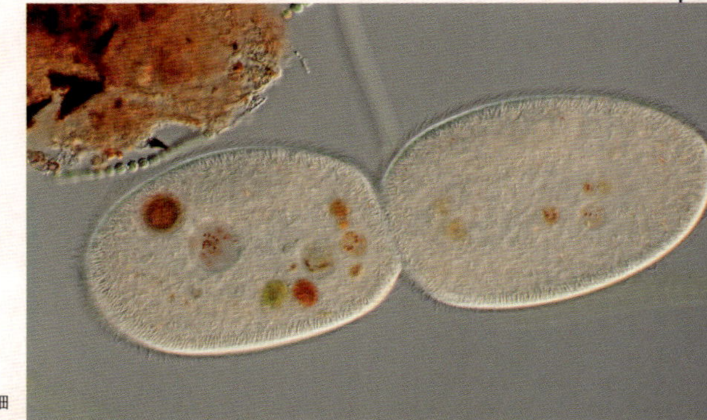

繊毛虫（せんもうちゅう）が細胞分裂を行っている様子です。

Q

カビなどの真菌は、動物、それとも植物？

A

動物でも植物でもありません。

真菌のひとつであるキノコを食べるリス。
真菌はかつて、植物に分類されていました。

どちらかといえば、真菌は動物に近い存在です。

カビをはじめとする真菌は、
かつて植物として分類されていたこともあります。
遺伝情報の解析の結果、
植物よりも動物に近いことが判明しました。

Q1 真菌にはどんな種類があるの？

A キノコ、カビ（糸状菌）、酵母などがあります。

キノコ、カビ、酵母はすべて真菌に分類されますが、その構造には違いがあります。キノコとカビは多細胞の真菌で、糸状の構造をもつ菌糸からなり、成長します。特にカビは湿気の多い場所で繁殖し、毒素を出して健康に害を及ぼすこともあります。一方、酵母は単細胞の真菌で、しっかりとした細胞壁をもちます。酵母にはパンやアルコールの発酵に使われ、人間にとって有益な働きをするものや、カンジダ症などの病気を引き起こすものもあります。

カビ

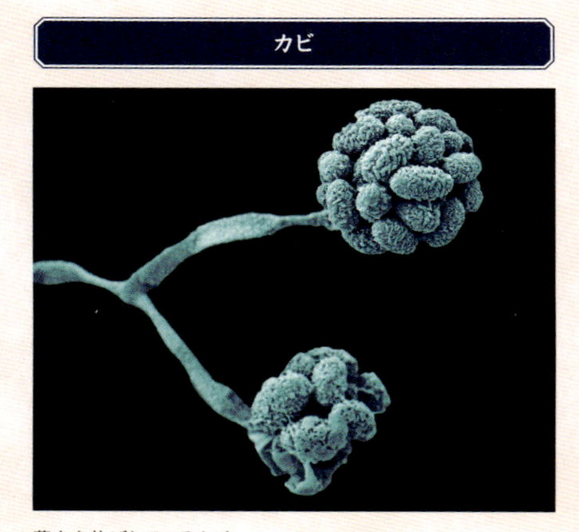

菌糸を伸ばしているカビ。

酵母

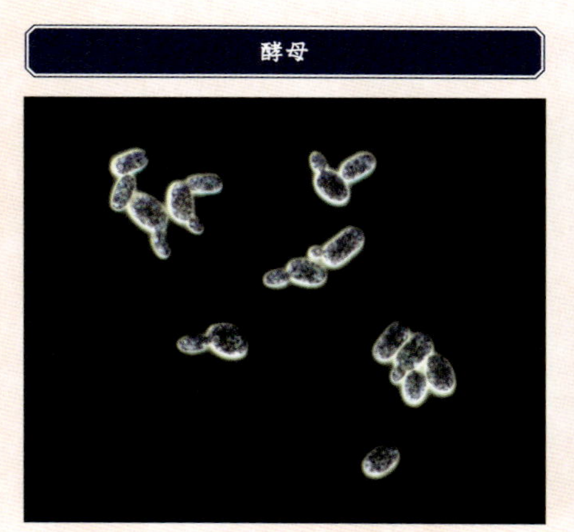

酵母は主に球状で、しっかりとした細胞壁をもっています。

キノコ

キノコもカビと同様に菌糸で構成されています。

浴室にカビが生えるのはどうして？

A カビが好む条件がそろうためです。

カビに最適な条件がそろう浴室では、カビは増殖を続け、気づいたときには大きなかたまりとなっていることがよくあります。浴室でよく見られるカビには、一度発生すると落としにくい黒カビ（クラドスポリウム）や、ぬるぬるしたピンク色の赤カビ（ロドトルラ）などがあります。ちなみに、ロドトルラは酵母菌の一種です。

カビが増殖する条件
①温度が20～30℃
②湿度が70%以上
③ホコリなどの栄養源がある

浴室に生えたカビです。カビの繁殖を防ぐためには、浴室内を乾燥させることが大切です。

カビは、どうやって増えているの？

A 胞子をまくことで増えています。

カビは、主に胞子によって増殖します。胞子は空気中に漂い、適した環境に到達すると発芽します。発芽した胞子からは、細長い糸状の菌糸が伸び、これが枝分かれして網目状に広がることで「菌糸体」というカビのコロニーを形成します。さらに、この菌糸の先端から新たな胞子が再び飛散し、次々と増殖が繰り返されます。こうして、カビは胞子を介して広がり続けます。

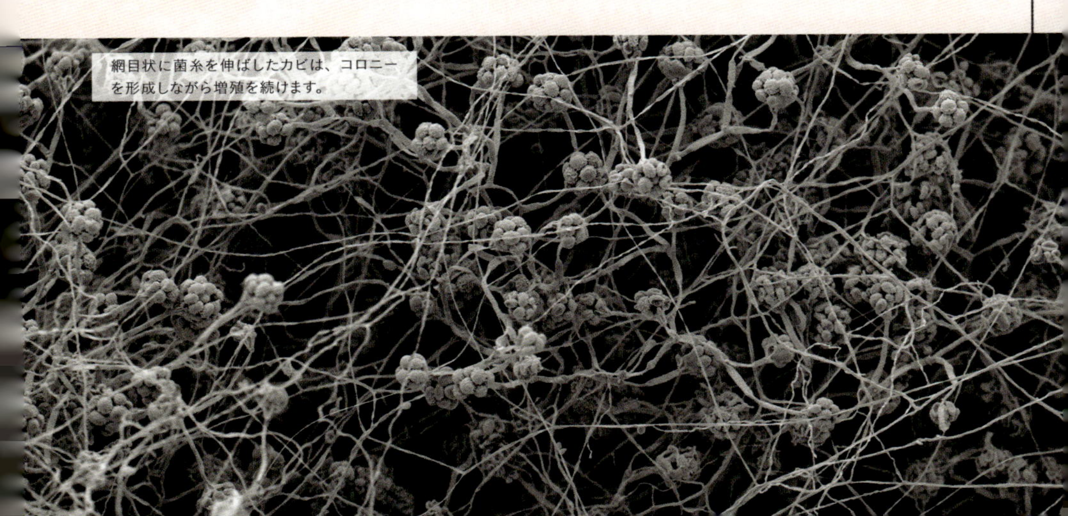

網目状に菌糸を伸ばしたカビは、コロニーを形成しながら増殖を続けます。

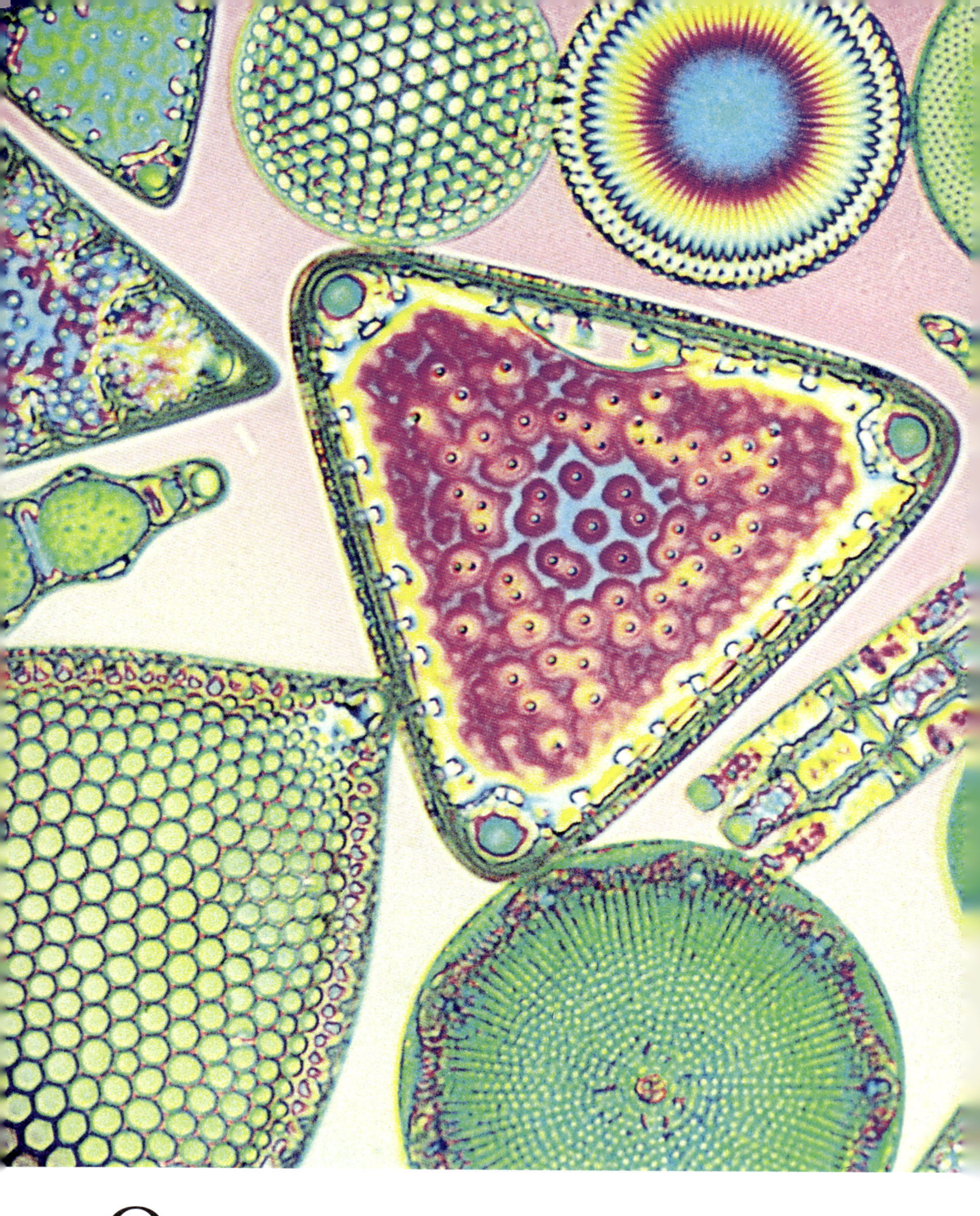

Q プランクトンも微生物なの？

化石化した珪藻などのプランクトンを光学顕微鏡で撮影したもの。

A

微生物もいますが、
微生物ではないものもいます。

プランクトンは、水生生物の生活型のひとつです。

プランクトンは、必ずしも目に見えない
小さな生物のことを指すわけではなく、
水中に生息し、遊泳能力が乏しい水生生物のことをさします。
これには、珪藻などの小さな生物から、
クラゲなどの大きな生物まで含まれます。

Q1 どんなプランクトンが、微生物に該当するの？

A ミドリムシや珪藻などです。

プランクトンには、主に植物プランクトンと動物プランクトンの２種類があります。植物プランクトンには珪藻や渦鞭毛藻（うずべんもうそう）、藍藻（らんそう、シアノバクテリア）などがいます。動物プランクトンには、繊毛虫（せんもうちゅう）やアメーバなどの原生生物が含まれ、これらは他のプランクトンを食べて成長します。

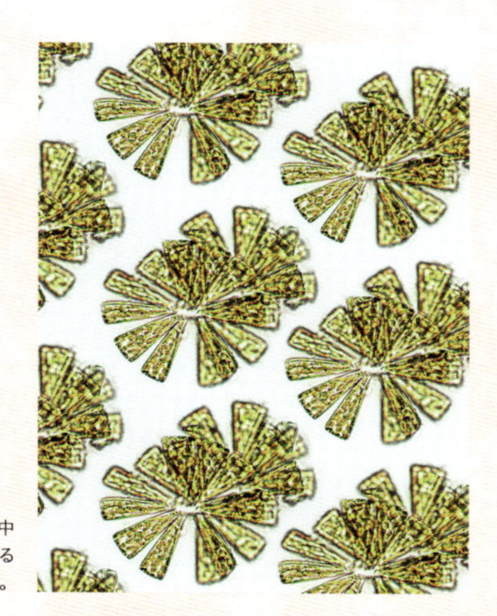

植物プランクトンの一種である珪藻。地層中に化石として残っていることがあり、分析すると過去の地球環境を知る手がかりとなります。

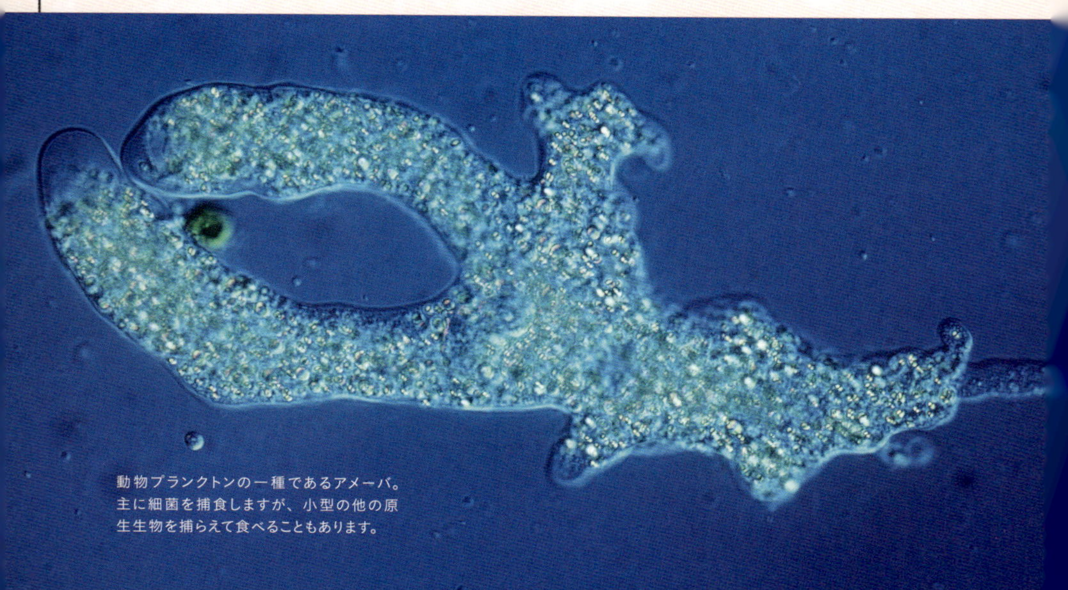

動物プランクトンの一種であるアメーバ。主に細菌を捕食しますが、小型の他の原生生物を捕らえて食べることもあります。

ミドリムシなどは何を栄養にしているの？

A 光合成でつくった有機物です。

光合成とは、太陽光などの光エネルギーを利用して、二酸化炭素と水から酸素と有機物を生成する反応のことです。この光合成により、植物プランクトンは水中に酸素を供給し、栄養を循環させるという重要な役割を果たしています。

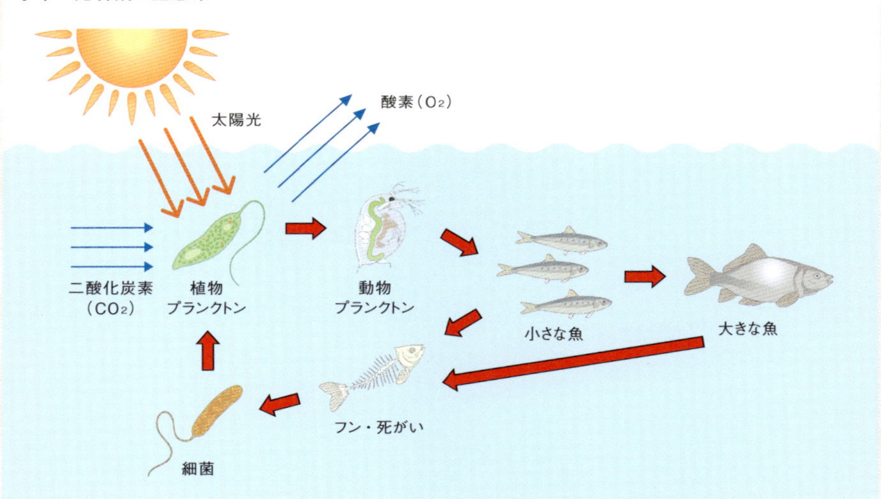

植物プランクトンは主に太陽光を利用して光合成を行うため、太陽光が届かない深海（約200m以上の水深）などでは生息することができません。

★COLUMN★

ミジンコは微生物なの？

ミジンコが微生物かどうかを明確にいうことはできません。なぜなら、微生物は「肉眼で見えない小さな生物」という、あいまいな基準で判断されるためです。ミジンコの体長は1～3mm程度で、このサイズであれば目をこらせば見えることもあります。そのため、微生物の定義に照らすと、ミジンコは微生物とはいえないことになります。しかし、ミジンコの種によっては1mm以下のものもあり、肉眼で見ることができないかもしれません。このように、同じ種類でもサイズによって微生物かどうかが異なってしまうため、ミジンコが微生物かどうかを明確に決めることはできないのです。

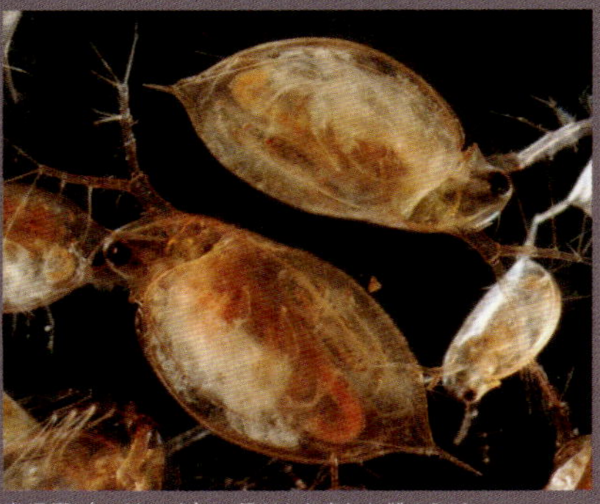

育児嚢（いくじのう）に子どもを宿した雌のミジンコ。

プランクトンの世界

植物プランクトンのなかには、物理的な刺激を受けると青白い光を発するものがあります。その一例が海洋性プランクトンのノクチルカ・シンチランスで、別名「夜光虫」とも呼ばれます。このプランクトンは、渦鞭毛藻類に分類され、直径は150～2000μmとプランクトンとしては非常に大きいのが特徴です。また、夜光虫は赤潮の原因となることもあります。

南アフリカのコーゲルバーグ自然保護区にある海岸。

Q
キノコは
目に見えるのに
微生物なの？

A
キノコは、
微生物の糸状菌が
集まったものです。

キノコは、カビと同様に菌糸で構成されています。この菌糸が集まって塊状になると、肉眼でも見えるキノコが形成されます。一生のほとんどは目に見えない菌糸なので、微生物に分類されるのです。写真は、透明感のある青色が美しい *Mycena interrupta*（別名：Pixie's Parasol ＝妖精のパラソル）。

見た目は大きいけれど、れっきとした微生物です。

キノコは、真菌に分類される微生物です。
キノコが肉眼で見えるのは、
目に見えない菌糸が集まり、
塊状になって私たちの前に現れるからです。
実際に顕微鏡でキノコを観察すると、
長い菌糸が何層にも重なっている様子が確認できます。

ホワイトマッシュルームの一種の菌糸体（枝分かれした糸状の菌糸が集まったもの）。

Q1 キノコはどのように繁殖するの？

A 胞子をまいて繁殖します。

キノコは、カビのように胞子をまいて繁殖します。胞子は風などで飛散し、枯葉や倒木の上に落ちると、適切な条件が整った場合に発芽します。発芽した胞子からは菌糸が伸び、この菌糸が集まって菌糸体を形成します。菌糸体が十分に発達すると、傘や柄（え）が形成され、よく知るキノコの姿になります。

ホコリタケは、球状になった傘の中央に穴が開いて、ホコリのように胞子を飛散させます。

2Q キノコの各部位の名称を教えて！

A 下の図のようになります。

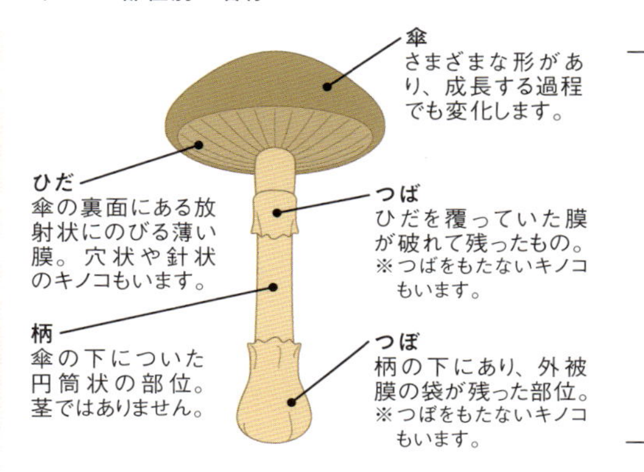

キノコにはさまざまな形状があり、種類によっては、つばやつぼをもたないものもあります。また、傘やひだの形も種によって異なり、それらの特徴はキノコの識別に役立ちます。一般的に「キノコ」と呼ばれる部分は、正式には「子実体（しじつたい）」と呼ばれています。

3Q キノコは、どのように分類されるの？

A 主に子嚢(しのう)菌類と担子(たんし)菌類に分類されます。

キノコは、胞子のつくり方の違いで「子嚢菌類」と「担子菌類」に分類されます。子嚢菌類は、胞子を「子嚢」と呼ばれる袋状の器官の内部でつくるのが特徴で、アミガサタケやトリュフといったキノコのほか、カビや酵母にも同様の構造があります。一方、担子菌類は、胞子を「担子器」という器官の外側でつくるのが特徴で、マツタケやシイタケがその代表例です。

担子菌類に属するシイタケ。

子嚢菌類に属するアミガサタケ。

Q キノコは、何を栄養にしているの？

A
他の生物がつくった有機物です。

キノコは、落ち葉や倒木などから栄養を吸収したり、生きた植物から養分をとり込んだりして成長します。

キノコという小さな命が、豊かな自然の恵みを支えます。

キノコは、植物などの他の生物から栄養を吸収しながら、
自然の循環を支えるという重要な役割を果たしています。
それぞれの種類のキノコがどのように栄養をとり、
周囲の環境とどのように関わっているのかを知れば、
自然界の仕組みを理解する手助けになります。

Q1 キノコは、どうやって栄養をとっているの？

A 種類によって栄養のとり方は違います。

キノコは、栄養のとり方によって「腐生菌（ふせいきん）」と「菌根菌（きんこんきん）」に分類されます。腐生菌は主に落ち葉や倒木から栄養を吸収します。一方、菌根菌は生きた植物の根から栄養をとり込みます。

キノコの種類

腐生菌	シイタケ、ナメコ、ブナシメジ、エノキタケ、マイタケ、エリンギ、キクラゲ、マッシュルーム、ヒラタケなど
菌根菌	マツタケ、ホンシメジ、アミタケ、トリュフなど

トリュフは菌根菌の一種で、世界三大珍味のひとつに数えられる高級食材です。地中で育つため、採取には嗅覚の優れたイヌやブタが使われます。

ナメコは、倒木などの木の幹から栄養を吸収する腐生菌の一種です。

倒木などに多数群生するイヌセンボンタケ。森の分解者として活躍しています。

Q2 キノコには、どのような役割があるの？

A 「分解」と「共生」の役割を担っています。

腐生菌は、落ち葉や倒木などの植物由来の有機物を無機物に分解し、土に栄養分として還元しています。一方、菌根菌は植物と共生し、より多くの栄養や水分を吸収する手助けをします。このように、キノコは森の植物や土壌を豊かにする重要な役割を果たしています。

Q3 マツタケは、どうして高級食材なの？

A 環境が再現できず、栽培が難しいためです。

菌根菌であるマツタケは、アカマツの根に菌根を形成し、共生関係を築いています。そのため、人工栽培をするにはアカマツにマツタケ菌を共生させる必要がありますが、マツタケの人工栽培はうまくいっていません。なぜなら、自然に生えるマツタケが、アカマツだけでなく周囲のさまざまな細菌や真菌とも共生していて、その複雑な自然環境を人工的に再現するのが非常に難しいためです。

豊かな香りと風味を特徴とする、秋の味覚マツタケ。

Q 珍しいキノコを教えて！

A
冬虫夏草（とうちゅうかそう）というキノコがいます。

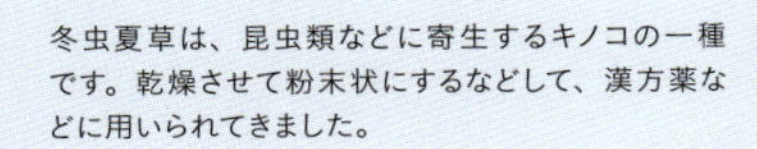
冬虫夏草は、昆虫類などに寄生するキノコの一種です。乾燥させて粉末状にするなどして、漢方薬などに用いられてきました。

冬と夏で姿を変える奇妙なキノコがあります。

冬虫夏草は、冬は虫に寄生し、
夏になると寄生した虫を殺して、
キノコとして成長することから名づけられました。
このキノコは寄生菌として、虫に寄生して栄養を吸収します。
古くから不老長寿の秘薬として重宝され、
中国では生薬や薬膳料理に広く利用されてきました。

Q1 冬虫夏草は、どんな生き物に寄生するの？

A チョウやガなどの幼虫に寄生します。

冬虫夏草の菌は、寄生した虫（宿主／しゅくしゅ）の体内に菌糸を張りめぐらせて成長し、最終的には宿主を殺して、その体外にキノコを生やします。

イモムシに寄生した冬虫夏草です。鮮やかなオレンジ色のキノコを生やしています。

冬虫夏草は、チョウやガなどの幼虫のほか、クモなどにも寄生します。

Q2 冬虫夏草の漢方は、なぜ高級品なの？

A 人工栽培が難しく、希少性が高いためです。

冬虫夏草は、滋養強壮や免疫機能の向上に効果があるとされ、中国では古くから生薬や薬膳料理の材料として珍重されています。特にオオコウモリガに寄生する種は非常に高価で、金と同等の価値がつくこともあります。さらに、近年の気候変動が影響し、冬虫夏草の収穫量は減少傾向にあります。その結果、価格はさらに高騰すると予想されています。

日本に輸入される冬虫夏草は、主に中国の高山地帯やチベットなどで採取されたものです。

Q3 冬虫夏草には、どれくらい種類があるの？

A 世界で500種類以上も報告されています。

冬虫夏草は、さまざまな地域や環境に分布しています。これらの種類は、寄生する宿主によって異なる特徴をもっています。なかには、宿主をまるでゾンビのように操り、最終的に命を奪うものもあります。

冬虫夏草の一種で、ハエに寄生してキノコを生やしています。

日本のカラフルなキノコ①

この童話に出てきそうなキノコはベニテングタケという名称で、毒キノコとして非常に有名です。真っ赤な傘に白いイボがついた姿は、人々に毒々しい印象を与えるでしょう。成長すると、さらにこの傘が開いていきます。山で見かけても、決して食べないでください！

Q 変わった微生物を教えて！

粘菌はアメーバのような姿で現れ、最終的にはこのような「子実体」を形成します。

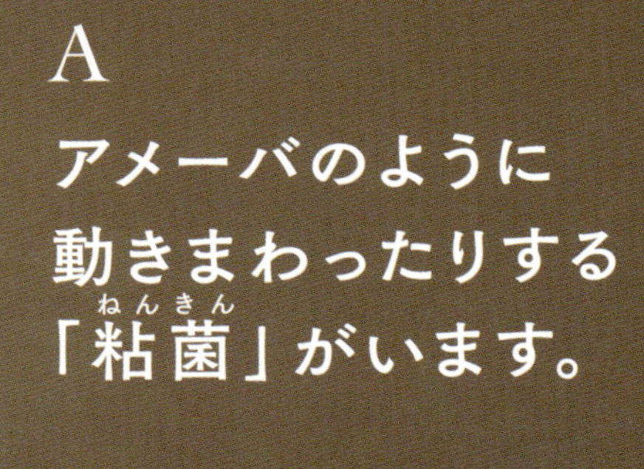

A

アメーバのように
動きまわったりする
「粘菌（ねんきん）」がいます。

動物のように移動し、植物のように胞子を飛ばします。

粘菌は、移動するという
動物的な性質をもちながら、
胞子で繁殖するという
植物的な性質ももつ
ユニークな生物です。

ツチアミホコリは粘菌の一種で、その子嚢（しのう）と呼ばれる胞子を含んだ袋は、まるで宝石のように美しく輝いています。

Q1 粘菌は、キノコやカビなどの菌類とは違うの？

A 菌類とはまったく異なり、いわゆる原生動物です。

粘菌は、キノコやカビといった一般的な菌類とは異なる単細胞生物です。粘菌は「真正粘菌（変形菌）」と「細胞性粘菌」の２種類に分類されますが、どちらも胞子からアメーバとして生まれ、細菌や酵母などのエサを求めて動物のように移動します。最終的に子実体を形成し、胞子を飛散させて繁殖します。

ツノホコリの一種で、シカの角のような子実体を形成します。

腐敗した木の上に生息するススホコリ。
アメーバ状の変形体を形成しています。

Q2 真正粘菌と細胞性粘菌はどう違うの？

A 分類学上の系統が違います。

真正粘菌と細胞性粘菌はどちらも粘菌の名がつきますが、生物の系統的には遠い存在です。真正粘菌は、核分裂は行いますが、細胞分裂は行いません。そのため、多くの核を含む巨大なアメーバへと成長します。この状態を「変形体」と呼びます。一方で、細胞性粘菌は個々の細胞が独立して集まり、融合することなく集団を形成します。細胞性粘菌は、エサを求めて動物のように自由に動き回りますが、周囲にエサがなくなると、飢餓状態になり、多細胞の子実体を形成します。

Q3 粘菌について、もっと教えて！

A 知能があるかのように行動することがあります。

モジホコリは、迷路を解くという
驚くべき能力をもつ粘菌です。

粘菌は脳や神経をもっていませんが、驚くべきことに、知能があるかのような行動を示すことがあります。例えば、モジホコリを使った実験がそれを証明しています。この実験では、モジホコリがアメーバ状の変形体のとき、迷路の入口と出口に餌を置いたところ、最短距離で入口と出口を結ぶルート上で成長しました。また、別の研究では、モジホコリには記憶力が備わっているという事象が確認されています。

Q 粘菌の研究で有名な日本人はいる？

A
博物学者の南方熊楠（みなかたくまぐす）が有名です。

南方熊楠は、出身地・和歌山をはじめ、日本各地の自然保護に尽力しました。写真は、熊楠が保護対象として名前を挙げた、和歌山県田辺市の天神崎の夕景です。

粘菌研究の先駆的存在で、学問全般に影響を与えました。

南方熊楠は博物学者として多岐にわたる分野で活躍しました。
特に植物分野では粘菌の研究で知られ、
新種の発見などの業績で、粘菌研究の歴史に名を刻んでいます。
また、民俗学や環境保護にも深い関心を寄せており、
日本の文化や自然を守るために奔走しました。
その幅広い活動と功績は、今なお多くの人々を刺激しています。

Q1 南方熊楠って、どんな人?

A ほぼ独学で動植物学や民俗学などを研究した人物です。

南方熊楠(1867~1941年)は、和歌山県で生まれました。幼少期から学問に興味を持ち、書物を読みながら、そして書き写しながら、知識を深めていきました。1884年には東京大学予備門(現在の東京大学教養学部)に入学しましたが、授業には出席せず図書館で読書に没頭していたため、最終的に中間試験で落第し、退学しました。その後、1887年に渡米し、サンフランシスコの商業学校で半年間学んだのち、ミシガン州の州立農学校に入学しました。しかし、アメリカ人学生との衝突等で退学し、その後は植物採集に専念しました。1892年にはイギリスに移住してロンドンの大英博物館で研究を続けます。帰国後の1904年からは和歌山県田辺町(現在の田辺市)に定住し、生涯を通じて学問に情熱を注ぎました。

62歳頃の南方熊楠。

和歌山県田辺市の南方熊楠顕彰館には、南方熊楠邸に遺された蔵書・資料などが展示されています。

Q2 南方熊楠は、世界的にも有名？

A 特に粘菌の研究で知られています。

熊楠は数多くの論文を残しており、特に国際的な総合科学ジャーナル『NATURE』には51本の英文論文が掲載されました。この掲載数は歴代最多とされ、彼の業績がいかに卓越していたかを示しています。特に、粘菌の研究で、新種を発見し、詳細に記録したことは、日本の博物学の発展に大きく寄与しました。

『NATURE』には、マメホコリ（写真）などの「粘菌の変形体の色」についての論文が掲載されています。

Q3 南方熊楠の交流関係を教えて！

A 民俗学者の柳田國男（やなぎたくにお）らと交流がありました。

柳田國男（1875～1962年）は、熊楠を「日本民俗学最大の恩人」と尊敬し、2人は1911年に書簡を通じて交流を始めました。柳田は民俗学の先駆者として研究を進めるなかで、同じく民俗学を研究する熊楠から大きな影響を受けました。一方、熊楠も柳田から多くの支援を受けています。なお、熊楠の東京大学予備門時代の同期には、夏目漱石や正岡子規、山田美妙らが名を連ねており、彼らとともに文学をはじめとした学問の世界で重要な役割を果たしました。

柳田國男は、日本の民俗学の確立に大きく貢献した人物です。

南方熊楠の脳が保存されている!?

南方熊楠の脳は現在、大阪大学医学部に保存されています。熊楠はてんかんを患っていたといわれ、生前から「自分が死んだら脳を研究の対象にしてほしい」と願っていたそうです。その意向を受け、彼のなくなった翌日に自宅で脳の解剖が行われ、脳は大阪大学へ運ばれました。

Q 動物にとって、微生物はどんな存在？

A

動物体のいたるところで活動しています。

いたるところとは、具体的には消化器、口腔、呼吸器、皮膚です。
宿主動物と微生物の関係は、「共生」または「寄生」などに分類されます。

微生物の「共生」と「寄生」が、動物に影響を与えます。

動物の体内には無数の微生物が生息していて、
宿主となる動物との間にはさまざまな関係が見られます。
その関係には、互いに助け合う「共生」や、
一方が利益を得て、もう一方が害を被る「寄生」などがあります。
これらの関係は、宿主と微生物の種類だけでなく、
環境や状況によっても変化します。

Q1 人の体の微生物はいつからいるの？

A その多くは、生まれた直後に口から入ってきます。

微生物は空気や飲食物を通じて、人間の体内に侵入します。このように、ある個体から別の個体へ微生物が移ることを「水平伝播（でんぱ）」といいます。一方で、母親が保有する細菌やウイルスが胎盤、産道、母乳を介して胎児や新生児に移ることもあります。これを「垂直伝播」と呼びます。ヒト免疫不全ウイルス（HIV）やB型肝炎ウイルス（HBV）は、水平伝播だけでなく垂直伝播によっても感染する可能性があります。

近年の研究により、母親の腸内細菌も新生児の腸内に伝播することが証明されています。

細菌・ウイルスの伝播

	方法	経路	主な例
水平伝播	個体間で移動する	空気、飲食物、接触、傷口など	インフルエンザウイルス、ノロウイルス、結核菌
垂直伝播	主に親から子へと移動する	胎盤、産道、母乳	ヒト免疫不全ウイルス（HIV）、B型肝炎ウイルス（HBV）

Q2 微生物が垂直伝播する人間以外の動物を教えて！

A シロアリの腸内微生物は垂直伝播します。

シロアリは木材を食べるため、建物や構造物に深刻な被害を与える害虫として知られています。シロアリは木材や植物のセルロースを分解して栄養を得る食性をもち、腸内にはセルロースを分解する多種多様な微生物が共生しています。その腸内微生物は、シロアリのコロニーから水平伝播するだけでなく、親から垂直伝播するとされています。

シロアリの腸内微生物は、水平伝播と垂直伝播で形成されます。

Q3 寄生するのは、どんな微生物？

A 宿主に病気を引き起こす寄生菌などです。

宿主に感染して病気にさせる微生物は、「病原菌」とも呼ばれます。病原菌は細菌、ウイルス、真菌、寄生虫などさまざまで、宿主の免疫系をかいくぐって感染し、ときには致命的な結果を招くこともあります。

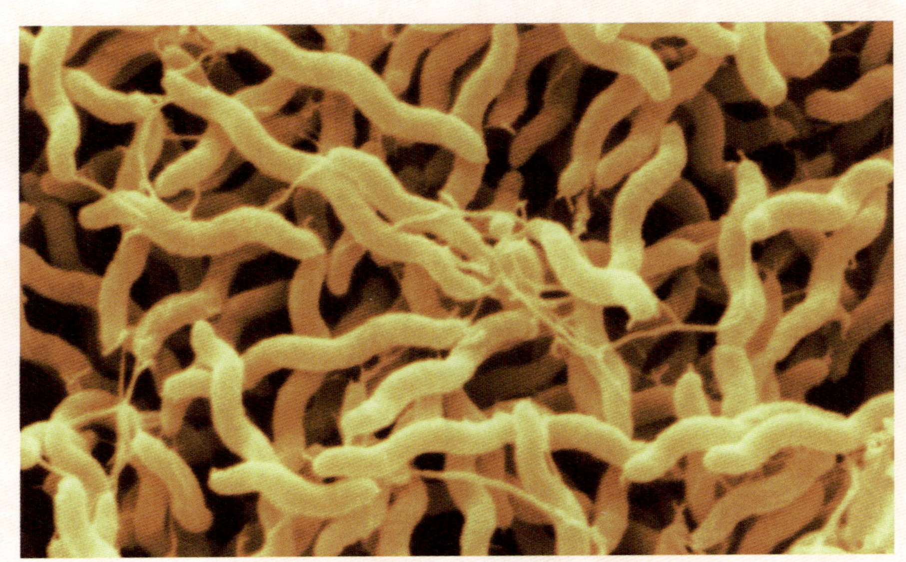

カンピロバクターは、食物や水を介して伝播し、食中毒を引き起こす原因となります。

ウイルスは感染したり増えたりするので生物のように思えますが、生物のもつ特徴を備えていないため、非生物として分類されています。

Q ウイルスも生物なの？

A
生物ではないと考えられています。

生物としての定義を満たしていませんが……。

ウイルスは非常に小さく、微生物の一種とされていますが、
一般的には「生物ではない」と考えられています。
これは、生物の３つの定義である「①外界と膜で隔てられている」
「②代謝を行う」「③自己複製する」を満たしていないためです。
しかし、ウイルスには生物のような特徴もあるため、
生物とみなす専門家もいます。

生物の主な３つの定義

定義①　外界と膜で隔てられている（細胞膜をもつこと）
定義②　代謝を行う（体内で栄養を合成・分解してエネルギーつくること）
定義③　自己複製する（細胞分裂を行うこと）

Q1 ウイルスはどれくらいの大きさなの？

A 20〜300nmほどの大きさです。

ほとんどのウイルスは300nm以下の大きさであり、1〜5μm（1μm＝1,000nm）の細菌と比較しても非常に小さいことがわかります。そのため、ウイルスは光学顕微鏡では見ることができず、高倍率の電子顕微鏡でしか確認することができません。

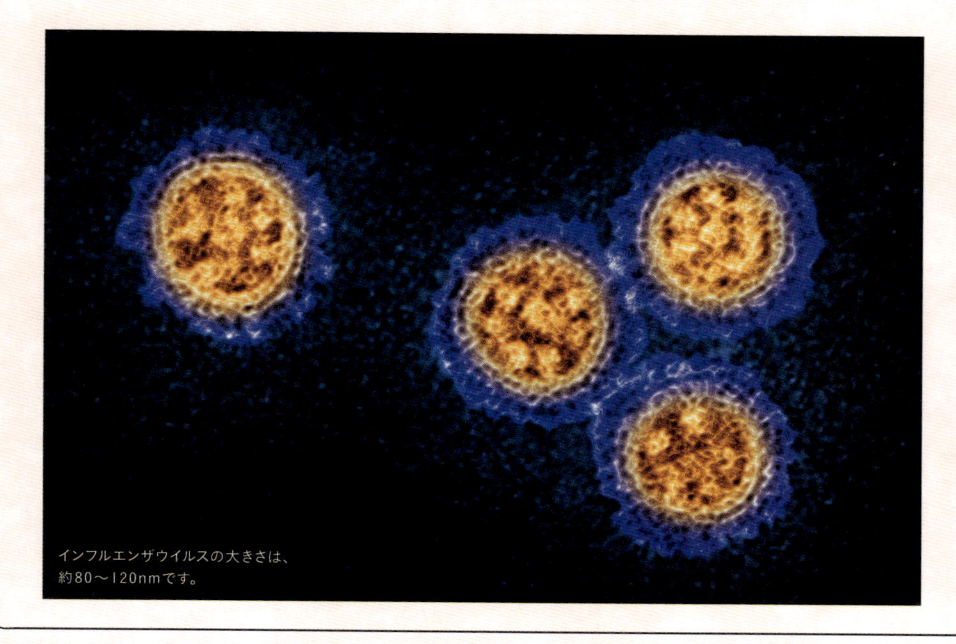
インフルエンザウイルスの大きさは、
約80〜120nmです。

サル痘ウイルス粒子。左側には成熟した卵形のウイルス粒子が見られます。

Q2 ウイルスは、どうやって増殖するの？

A 寄生する宿主の細胞内でのみ増殖します。

ウイルスは自力で増殖することができません。そのため、生きた宿主の細胞内に侵入し、細胞の核酸合成系やタンパク質合成系などを利用して自身を複製します。これがいわゆる「ウイルス感染」です。この増殖方法は、細胞分裂によって増える真核生物や原核生物とは根本的に異なります。

真核生物と原核生物とウイルスの違い

	真核生物	原核生物	ウイルス
細胞構造	あり（核をもつ）	あり（核をもたない）	なし（核酸とタンパク質）
細胞膜	あり	あり	なし
増殖方法	細胞分裂または有性生殖	細胞分裂	宿主細胞を使って複製
代謝	自己で代謝を行う	自己で代謝を行う	代謝を行わず、宿主に依存する

Q3 インフルエンザは、なぜ毎年冬に流行するの？

A 空気が乾燥するためです。

ウイルスは低温で生存しやすく、乾燥した空気中では長時間浮遊するため、知らぬ間に体内に侵入し、感染を引き起こします。また、冬の寒さと乾燥で鼻や喉の粘膜が乾燥し、防御機能が低下するため、インフルエンザに感染しやすくなります。

ふしぎで美しい粘菌①

ダテコムラサキホコリの胞子形成前の姿は、未熟な子実体としてみずみずしい輝きを放ち、美しい魅力があります。半透明の白い部分は「子嚢（しのう）」と呼ばれ、ここで胞子が形成されます。また、子嚢を支える細く黒い柄には皮膜があり、これがダテコムラサキホコリの特徴のひとつです。胞子が成熟すると、そのみずみずしさは失われますが、代わりに異なる色や質感が現れ、また別の魅力を見せてくれます。

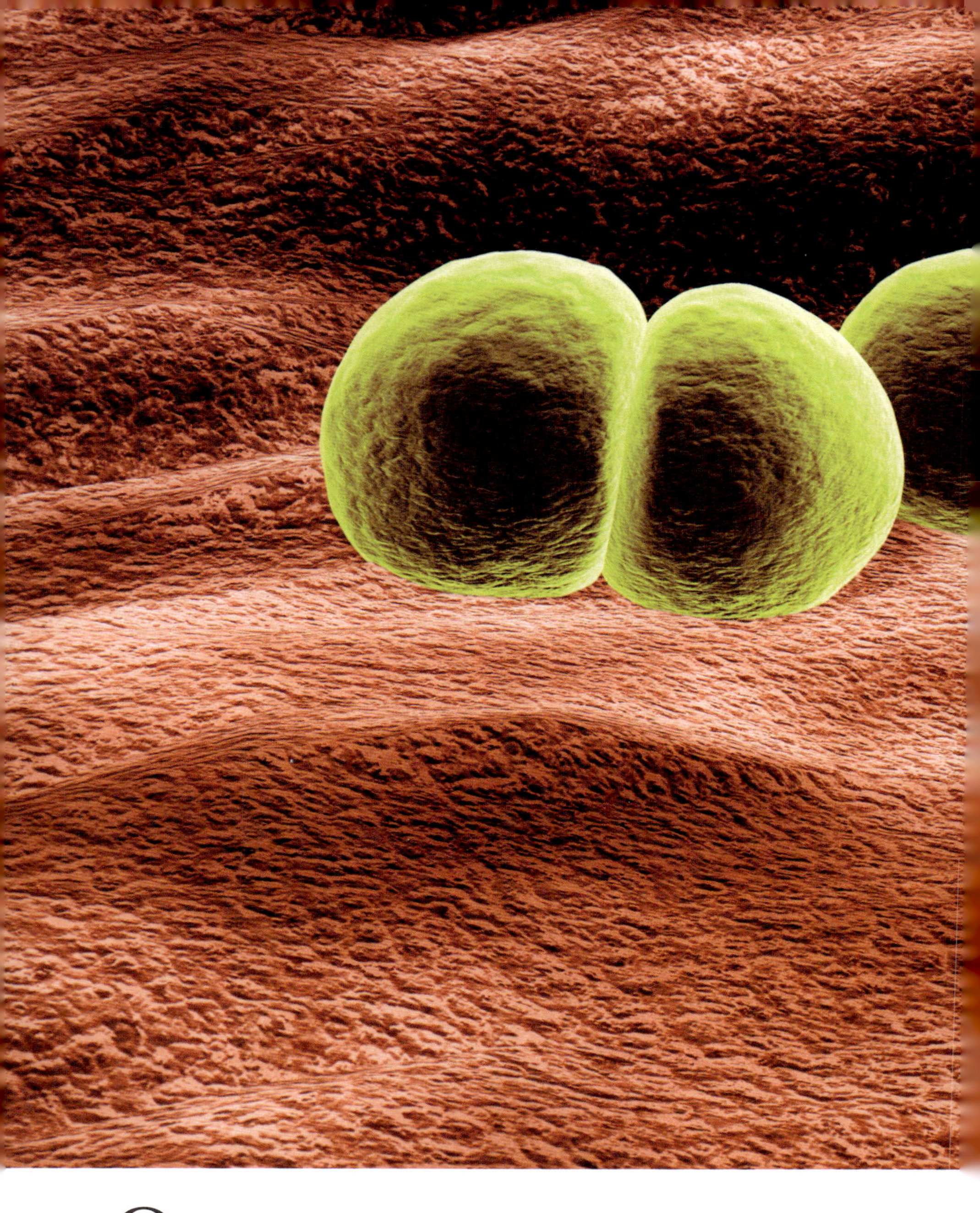

Q 人間の体には、どれくらいの微生物がいるの？

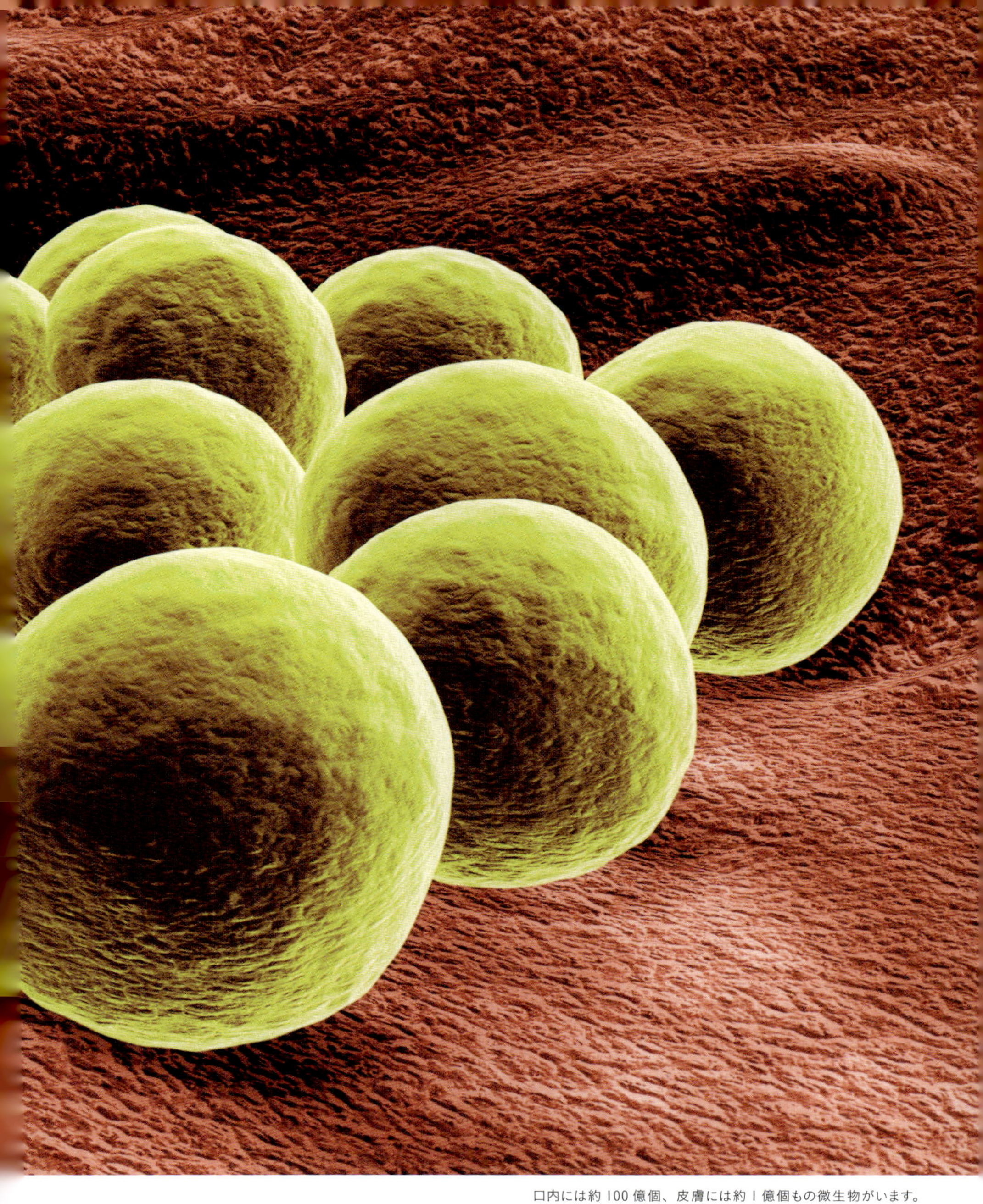

口内には約100億個、皮膚には約1億個もの微生物がいます。
写真は黄色ブドウ球菌。

A

約100兆個もの微生物が生息しています。

人間の体内には、約100兆個もの微生物がいます。

人間の体内にすむ微生物は常在菌（じょうざいきん）と呼ばれ、
私たちの体と共生しています。
常在菌は、健康を維持するために重要な役割を果たしています。
しかし、これらの微生物のバランスが崩れると、
さまざまな病気や感染症を引き起こす原因にもなるため、
常在菌とは良好な関係を築かなければなりません。

Q1 体内の微生物は何をしているの？

A 人間の体を守っています。

体内の微生物は宿主と共生関係を築いています。微生物は宿主が摂取した食物や分泌物を栄養源とする一方で、宿主の免疫能力や抵抗力を増強させ、病原菌からの感染を防ぐ役割を果たしたり、ビタミンの生産にも関与したりして、私たちの健康を支えています。

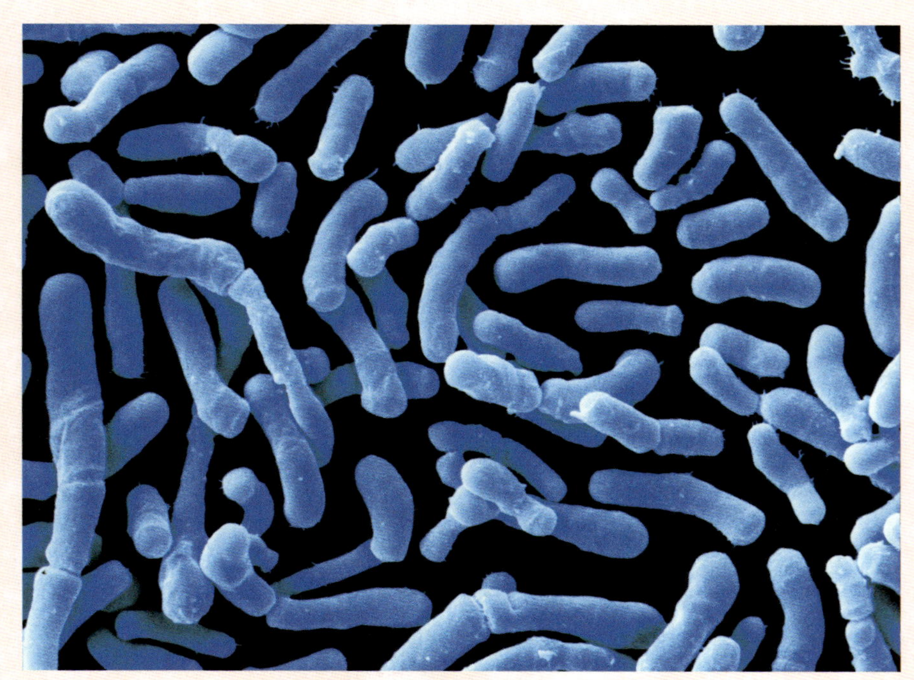

腸内細菌の一種であるビフィズス菌は、私たちの健康を支える重要な存在です。

Q2 微生物が原因で起きる身近な現象はある？

A ニキビもそのひとつです。

常在菌のアクネ菌は、ニキビの原因となることがあります。人間の肌は、生活習慣の乱れやホルモンバランスの崩れによって、皮脂の分泌が増加し、角質が劣化します。これにより毛穴が塞がり、アクネ菌が過剰に増殖して炎症を引き起こし、「赤ニキビ」となるのです。しかし、アクネ菌は悪影響だけでなく、病気を引き起こす原因菌から肌を守り、皮膚を弱酸性に保つという大切な役割も果たしています。

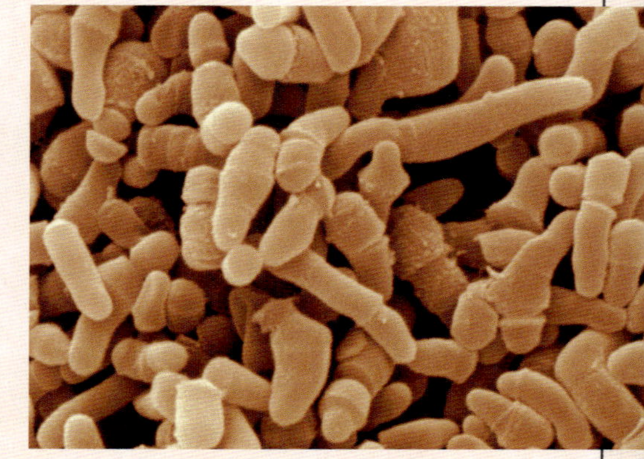

アクネ菌は毛穴に生息する常在菌です。通常は共生していますが、場合によってはニキビを引き起こすこともあります。

★COLUMN★ 美肌の秘訣は「洗いすぎ注意!」

表皮ブドウ球菌は、ヒトの皮膚に常在する細菌で、通常は無害な共生細菌として皮膚の健康を守る役割を果たしています。この細菌は皮膚の表面に定着し、肌のうるおいを保つとともに、黄色ブドウ球菌（P.64）などの有害な細菌の増殖を抑制します。しかし、過度な洗顔によって表皮ブドウ球菌を洗い流してしまうことがあるため、美肌のためにも洗顔のしすぎには注意が必要です。

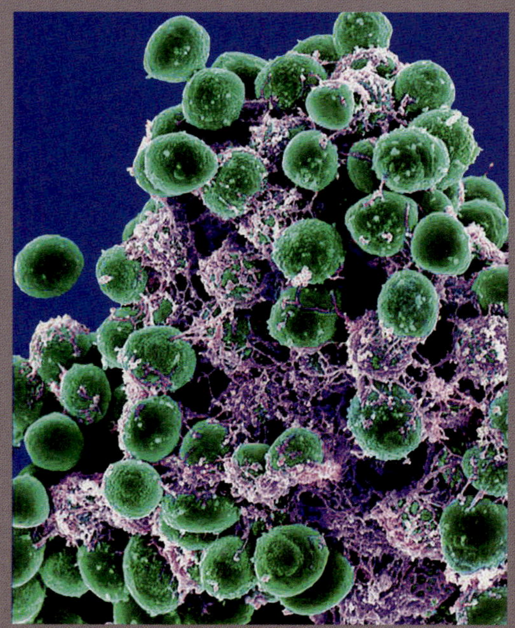

電子顕微鏡で観察した、表皮ブドウ球菌のかたまり。

Q「腸内フローラ」って、何？

「フローラ（Flora）」はもともと、「花畑」を意味します。さまざまな微生物が集まる様子を「花畑」に見立てて名づけられました。

A
腸内の多種多様な微生物が、密集している様子のことです。

腸内フローラは、健康維持に欠かせません。

腸内には、数百種類もの多様な微生物が生息しています。
これを、植物が群生する花畑にたとえて「腸内フローラ」と呼びます。
腸内フローラは消化を助けるだけでなく、
私たちの健康に欠かせない重要な役割を担っています。

Q1 腸内フローラの役割を教えて！

A 微生物が体調を整えてくれています。

腸内には多種多様な微生物が集まって、「腸内細菌叢」を構築しています。腸内フローラは、この腸内細菌叢が腸の壁面に密集している様子を示しています。腸内フローラを代表する微生物として、乳酸菌やビフィズス菌などが挙げられます。これらは、大腸に到達した消化されなかった食物をエサにして、酢酸や乳酸、ビタミン、水素、メタン、アンモニアなどの代謝物を生成します。

腸内に生息する微生物は、腸内フローラとして消化を助けるなど、有益な役割を果たしています。

腸を「第二の脳」と呼ぶのはなぜ?

A 多くの神経細胞があるからです。

人間の腸には、脳に次いで多くの神経細胞が存在しており、その数は約1億にのぼります。そのため、腸は「第二の脳」とも呼ばれ、脳から独立した神経ネットワークを通じて、他の臓器に指令を送ることができます。一方で、腸と脳は密接に連携しており、互いに影響を与え合う関係にあります。この関係は「脳腸相関」と呼ばれます。例えば、ストレスを感じると腹痛が起こることがあります。これは、脳が自律神経を通じて腸にストレスの刺激を伝えるためです。逆に、下痢や便秘といった腸の不調が起こると、脳にもストレスがかかるという報告もあります。

腸の消化以外の作用

作用の種類	説明
神経系	腸には約1億の神経細胞が存在し、脳から独立した神経ネットワークをもちます。
免疫系	腸は体全体の約半数の免疫細胞をもち、病原体から体を守る役割を果たします。
ホルモン分泌	腸は多くのホルモンを分泌し、食欲や消化機能の調節に関わっています。

大腸菌って、やっぱり危険な微生物なの?

A 体内の大腸菌のほとんどが無害です。

大腸菌にはさまざまな種類があり、その多くは無害です。なかには、ビタミンを生成したり、有害な微生物の増殖を抑えたりして、人間の健康を支える重要な役割を果たすものもいます。しかし、腸管出血性大腸菌(O157)のような病原性大腸菌は、下痢や血便を引き起こし、集団食中毒の原因となるなど、非常に危険な存在です。

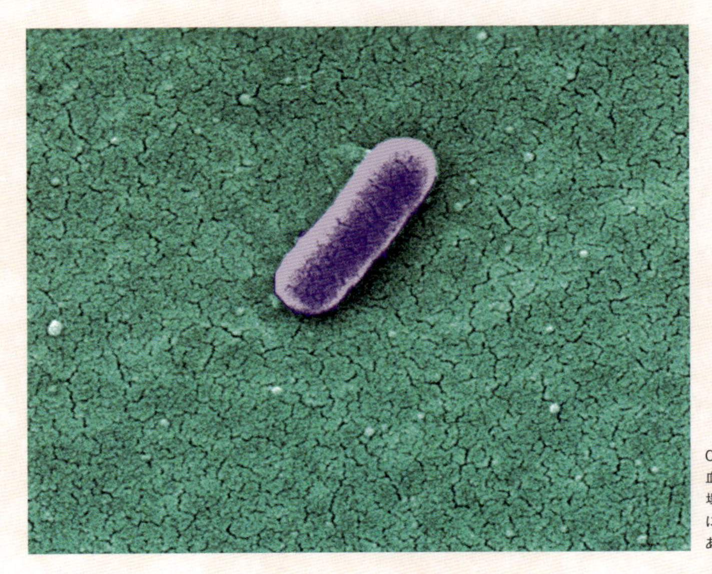

O157は、下痢や血便を引き起こし、場合によっては命に関わる危険性のある細菌です。

Q 菌にも善悪があるの？

北方ルネサンスの画家、ピーテル・ブリューゲル（1525頃～1569年）の『叛逆天使の墜落』（1562年、ベルギー王立美術館）。天界を追放された堕天使（悪）と、大天使ミカエル率いる天使の軍勢（善）との戦いを描いています。

A
善玉菌と悪玉菌がいます。

私たちの腸内に生息する、善玉菌、悪玉菌、日和見菌。

腸内細菌は、人間に良い影響を与える「善玉菌」と、
悪い影響を及ぼす「悪玉菌」に分けられます。
善玉菌が整腸作用などを通じて健康をサポートする一方、
悪玉菌は病気や食中毒の原因となることがあります。
また、腸内には「日和見菌」と呼ばれる、
普段は特に影響を与えない細菌も存在しています。

Q1 善玉菌には、どんな種類の菌がいるの？

A 乳酸菌やビフィズス菌などがいます。

乳酸菌とは、糖を分解して乳酸を生成する細菌の総称であり、ヨーグルトやチーズなどの食品の製造に利用されています。乳酸菌は自然界のさまざまな場所に広く生息しています。一方、ビフィズス菌は酸素のある環境では生育できないため、酸素がほとんどない人間の腸内を主な生息地としています。

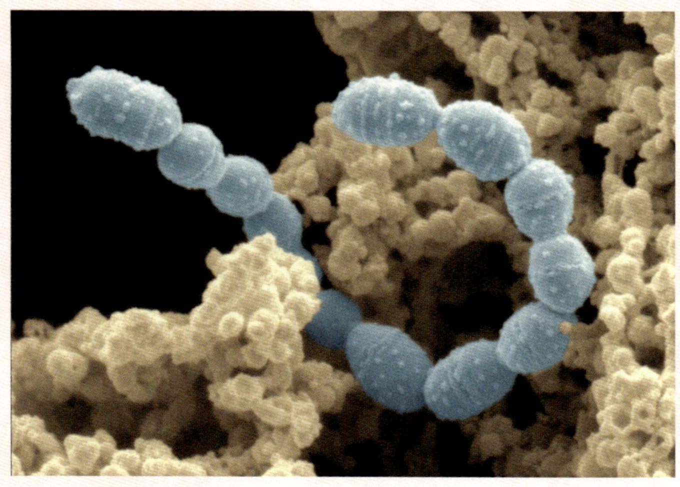

乳酸菌は、自然界のあらゆるところに存在します。

乳酸菌とビフィズス菌の違い

	乳酸菌	ビフィズス菌
生息場所	主に人間や動物の小腸、根圏（植物の根のまわり）、発酵食品（乳製品や漬物など）	主に人間や動物の大腸
酸素がある場所での発育	発育できる	発育できない
生成物	乳酸	乳酸や酢酸

Q2 乳酸菌は、どのような影響を体に与えているの？

A 腸内で悪玉菌の繁殖を抑え、腸内環境を整えてくれています。

乳酸菌には、悪玉菌の繁殖を抑える働きや、整腸作用、免疫調整作用、さらには動脈硬化の予防効果があるとされています。ただし、乳酸菌には多くの種類があり、それぞれの作用も異なります。一方、ビフィズス菌にも整腸作用や免疫調整作用など、人にとって有益な効果が備わっています。

Q3 乳酸菌とビフィズス菌、腸内には、どちらが多いの？

A ビフィズス菌のほうが多いとされています。

ビフィズス菌は腸内細菌の１割を占めており、その数は乳酸菌の100倍以上とされています。なお、体内のビフィズス菌を増やすためには、タマネギやバナナなどのオリゴ糖を含む食材を食べるとよいとされています。

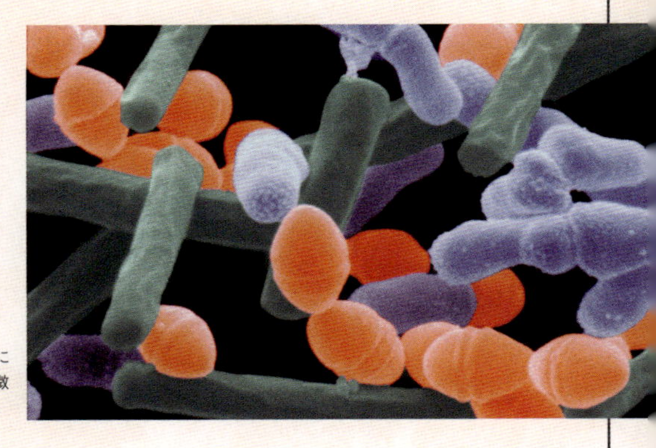

ビフィズス菌は、年齢を重ねるごとに減少する傾向にあります。写真はヨーグルトに含まれる菌を電子顕微鏡で観察した画像で、青いものがビフィズス菌です。

Q4 乳酸菌は本当に腸まで届くの？

A 腸まで届きますが、常在しないと考えられています。

近年、「腸まで届く乳酸菌」というキャッチコピーを掲げたヨーグルトやサプリメントなど、さまざまな食品が販売されています。これらに含まれる乳酸菌は、胃酸や胆汁に耐えて腸まで届くとされています。ただし、これらの乳酸菌は腸内に定着することはなく、そのまま排泄されると考えられています。

乳酸菌を含むヨーグルトには、アレルギー症状を抑える効果もあります。

サツマイモに含まれる豊富な食物繊維を、腸内細菌が分解した際に発するガスがおならです。本来は、ほとんどにおいはありません。

Q サツマイモを食べると、
どうしておならが出るの？
A
腸内細菌が食物繊維を
分解するからです。

腸内環境が乱れると、おならがくさくなります。

サツマイモには豊富な食物繊維が含まれており、
腸内細菌がそれらを分解してガスを発生させます。
そのガスの成分のほとんどは二酸化炭素や窒素。
そのため、本来ならにおいはほとんどありません。
しかし、悪玉菌が増加するなどして、
腸内環境が乱れているとおならはくさくなります。

Q1 くさいおならの成分は何？

A アンモニアや硫化水素などです。

アンモニアは
窒素と水素の化合物。
硫化水素は
硫黄と水素との化合物

腸内細菌が食物繊維を分解する際に発生するガスは無臭です。一方で、タンパク質を分解する際には、アンモニアや硫化水素、インドール、スカトールなどの物質が生成されます。これらが、おならのにおいの主な原因となっているのです。

スカトールは、ジャスミンなどの花の香気成分にも含まれています。

日本には硫化水素型の温泉がたくさんあります。草津温泉（写真）などを訪れると独特のにおいがするのは、そのためです。

おならとにおいの成分

おならの成分	窒素、水素、酸素、二酸化炭素など
においの成分	アンモニア、硫化水素、インドール、スカトールなど

Q2 どうして、くさいおならが出るの？

A ストレスなども影響しています。

腸内細菌のバランスが崩れると、消化機能が低下し、おならがくさくなることがあります。その主な原因として、ストレスや睡眠不足が挙げられます。また、食生活の乱れも影響し、とくに動物性タンパク質を多く含む食品は、体内でアンモニアを多く発生させるだけでなく、悪玉菌を増やす原因にもなります。腸内で善玉菌、悪玉菌、日和見菌（P.74）の３つのグループがバランスを保つことができれば、おならのにおいを改善することができます。

ストレスを溜め込むと腸内環境が悪化し、おならがくさくなる場合があります。

肉や卵などの動物性タンパク質に偏らない食事を心がけることも大切です。

Q3 おならは燃えるって、本当？

A 燃えるおならをする人もいます。

２～３人に１人の割合で、腸内にメタン生成古細菌を持つ人がいます。この菌は名前のとおり、メタンガスを生成する性質を持っています。メタンガスは可燃性のため、この菌を持つ人のおならは燃える可能性があります。

★COLUMN★

おならのにおいは香水と同じ？

インドールやスカトールは香水の原料として使われることがあります。これらは高濃度では不快なにおいとなりますが、低濃度に薄めていくと、ジャスミンやオレンジなどの甘い香りに変化します。このような性質から、香水をつくるときの重要な成分の1つとなっています。

くさいおならと同じにおいの成分が香水にも含まれているのは、不思議です。

日本のカラフルなキノコ②

夜に緑色の光を放つシイノトモシビタケは、発光性のキノコとして知られています。1951年に東京都の八丈島で初めて発見され、その後、和歌山県や三重県、九州地方などでも確認されました。このキノコは、5月上旬から10月中旬頃に発生し、傘の大きさは1～2cm、柄の長さは1～5cmほどです。発光の理由はいまだ解明されていませんが、光ることで虫を引き寄せ、その体に胞子を付着させて散布させる役割があると考えられています。緑色に光るシイノトモシビタケが一斉に輝く光景は、まるで幻想的な世界を思わせます。

Q「発酵」と「腐敗」の違いって何？

ヨーグルトを使ったブルガリア料理。左はヨーグルトとキュウリのサラダ「スネジャンカ」、右は冷たいスープ「タラトール」。

A

発酵は人に利益を、
腐敗は人に不利益を与えます。

おいしい食品の数々を、「発酵」の力が生み出します。

私たちの生活は、「発酵」と「腐敗」に囲まれています。
発酵は人に利益をもたらし、腐敗は人に不利益をもたらしますが、
微生物にとっては、どちらも食物を分解・変化させているだけ。
そんななか、偶然にも微生物による発酵がもたらした発酵食品は、
どれもおいしいものばかりです。
ここでは、世界で最初に誕生した発酵食品をご紹介します。

Q1 世界で最初の発酵食品は何？

A ヨーグルトと考えられています。

オスマン帝国時代のヨーグルト売りの商人を描いた銅版。

世界初の発酵食品については諸説ありますが、ヨーグルトは紀元前5000年頃にはすでに存在していたとされています。その起源はアジアやヨーロッパなど、はっきりとはわかっていません。一説には、生乳を入れた容器に自然界の乳酸菌が入り込み、偶然に生まれたと考えられています。

乳酸発酵とは、
乳酸菌が糖を分解して、
乳酸を生成する反応。

Q2 ヨーグルトが酸っぱいのはどうして？

A 乳酸発酵で乳酸が生成されるからです。

乳酸菌は糖分を分解して乳酸を生成します。この乳酸がヨーグルトの酸味の原因です。また、「乳酸発酵」によってpH（酸性とアルカリ性の程度をあらわす単位）が下がることで、有害な微生物の繁殖が抑えられます。その結果、ヨーグルトは牛乳よりも保存性の高い食品となるのです。

Q3 ヨーグルトは、どうやってつくるの？

A 温めた牛乳に乳酸菌を添加してつくります。

ヨーグルトは、沸騰させた牛乳を30〜45℃に冷ましたあと、種菌（たねきん）となる乳酸菌を加えて同じ温度で発酵させてつくります。発酵が進むと、乳酸菌が牛乳中の乳糖を分解して乳酸を生成し、乳酸の作用によって液体が固まり、ヨーグルトが完成します。なお、固まったヨーグルトの上にできる透明な液体が「ホエイ（乳清）」です。

種菌とは、
微生物を増やすときに
もとになるもの。

日本人のなかには、乳糖を分解することができず、お腹を下しやすい人もいます（乳糖不耐症）。ヨーグルトは乳糖が分解されているため、そのような人でも安心して食べることができます。

Q4 ヨーグルトを世界に広めたのはだれ？

A 微生物学者のメチニコフです。

ノーベル賞を受賞したイリヤ・メチニコフは、ブルガリアの人々が長寿である理由を「ヨーグルトを食べているから」と発表しました。この発表を受けて、世界中で多くの人々がヨーグルトを食べるようになったといわれています。その後の研究により、ヨーグルトが大腸の悪玉菌を抑制し、さらに乳酸菌がタンパク質を分解して体に吸収されやすくすることが確認されました。

ロシアの微生物学者イリヤ・メチニコフ。1908年に、ノーベル生理学・医学賞を受賞しました。

Q
カビって
食べても
大丈夫なの？

A
ブルーチーズのカビは
食べられます。

代表的なブルーチーズに「ロックフォール」があります。このチーズは、フランス南部のロックフォール・シュール・スールゾン村が原産です。チーズは洞窟のなかで熟成されます。

ロックフォール・シュール・スールゾン村には、チーズ好きの観光客がたくさん訪れます。

カビの力をたくみに利用したチーズがあります。

ブルーチーズは強い香りと
塩味が特徴的で、
濃厚な味わいが楽しめます。
カビを利用したチーズは
ほかにもあります。

「ペニシリウム・ロックフォルティ」という種類の青カビが、大理石の模様のように広がっています。この青カビは毒素が出てもチーズ内で分解されるため、安全に食べることができます。

カマンベールチーズの表面にある白い部分は何？

A 白カビです。

チーズのなかには、白カビ（ペニシリウム・カメンベルティ）が使われているカマンベールチーズのような種類もあります。この白カビは、熟成が進むにつれてチーズの内部をやわらかくする役割を果たします。

表面の白い部分が白カビです。

カビチーズの種類

種類	特徴	主なチーズ
白カビチーズ	白カビを表面に繁殖させて熟成させたチーズ。中身はやわらかく、クリーミーな味わいが特徴。	カマンベール、シャウルス、クロミエ、ヌーシャテルなど。
青カビチーズ	青カビを内部に繁殖させて熟成させたチーズ。カビが大理石模様のように広がり、塩味が強く豊かな風味が特徴。	ゴルゴンゾーラ、ロックフォール、カンボゾラなど。

Q2 チーズは、どうやって牛乳を固めているの？

A 乳酸菌やレンネットという酵素によって固められます。

チーズの原料となる乳には、カゼインと呼ばれるタンパク質が含まれています。乳に乳酸菌を加えると発酵が進み、酸性化します。そこにレンネットを加えると、カゼインが凝固して「カード」と呼ばれる固形物ができます。このカードに圧搾などの加工を施し、さらに乳酸菌や青カビ、白カビなどを用いて熟成させると、ナチュラルチーズが完成します。なお、ナチュラルチーズを加熱して溶かし、再び固めたものをプロセスチーズと呼びます。

Q3 チーズは、どのように生まれたの？

A 羊の胃袋に入れた乳から、偶然に生まれたとされています。

アラビアの民話にこんな話があります。ある商人が生後間もない仔羊の胃袋を水筒代わりにして乳を入れ、ラクダに乗って砂漠を旅していました。灼熱の砂漠を進むうち、喉が渇いた商人が乳を飲もうとしたところ、中身が固まっていることに気づいたといいます。これは、羊の胃袋に含まれていた動物由来のレンネットが乳を固めたためで、この発見をきっかけに、数千年にわたり、この方法でチーズがつくられるようになったと伝えられています。

チーズをつくっている様子（『健康全書（*Tacuinum Sanitatis*）』より）。

Q4 レンネットについて、もっと教えて！

A 現在は微生物レンネットが主流です。

レンネットには、生後間もない羊や牛の胃袋を利用した動物由来のものや、植物由来のものがあります。近年、ケカビ（*Rhizomucor pusillus*）が凝乳酵素を生成することが判明し、このケカビを活用した微生物レンネットが日本では一般的に使用されるようになっています。

Q ビールの泡の正体を教えて!

A
微生物が出すおならです。

微生物が生成する二酸化炭素が、
ビールの泡となります。

ビールの「シュワッ」は、微生物が生み出しています。

ビールの泡の正体は、微生物が生成する二酸化炭素です。
この二酸化炭素は「アルコール発酵」によって生じます。
アルコール発酵とは、酵母がブドウ糖を分解し、
二酸化炭素とエタノールを生成する反応のことです。
エタノールはアルコールの一種で、この発酵プロセスの結果、
ビールやワイン、日本酒などが製造されます。

Q1 ビールの材料を教えて！

A 大麦、ホップ、酵母などです。

まず、麦を発芽させて麦芽をつくり、それを乾燥・粉砕します。次に、麦やトウモロコシと一緒に煮ることで、麦芽に含まれる酵素がデンプンを分解し、ブドウ糖に変わります。その後、糖化された液体（糖化液）をろ過し、ホップを加えて苦味を出します（麦汁・ばくじゅう）。麦汁を冷却し、酵母を加えて発酵・熟成させると、アルコールと苦味が生成され、若ビールが完成します。最後にろ過して不純物を取り除くことでビールができあがります。次のページの図も参照してください。

ビールのつくり方

①麦を発芽させ、麦芽をつくる
②麦芽を乾燥・粉砕し、麦やトウモロコシなどと煮る
③煮た液体（糖化液）をろ過し、ホップを加える（麦汁）
④麦汁を冷却し、酵母を加えてアルコール発酵させる
⑤発酵・熟成後、再度ろ過し、瓶詰めする

木製の発酵タンクのなかで、麦汁がアルコール発酵しているところ（ニューヨーク州、アメリカ）。

ビールのつくり方

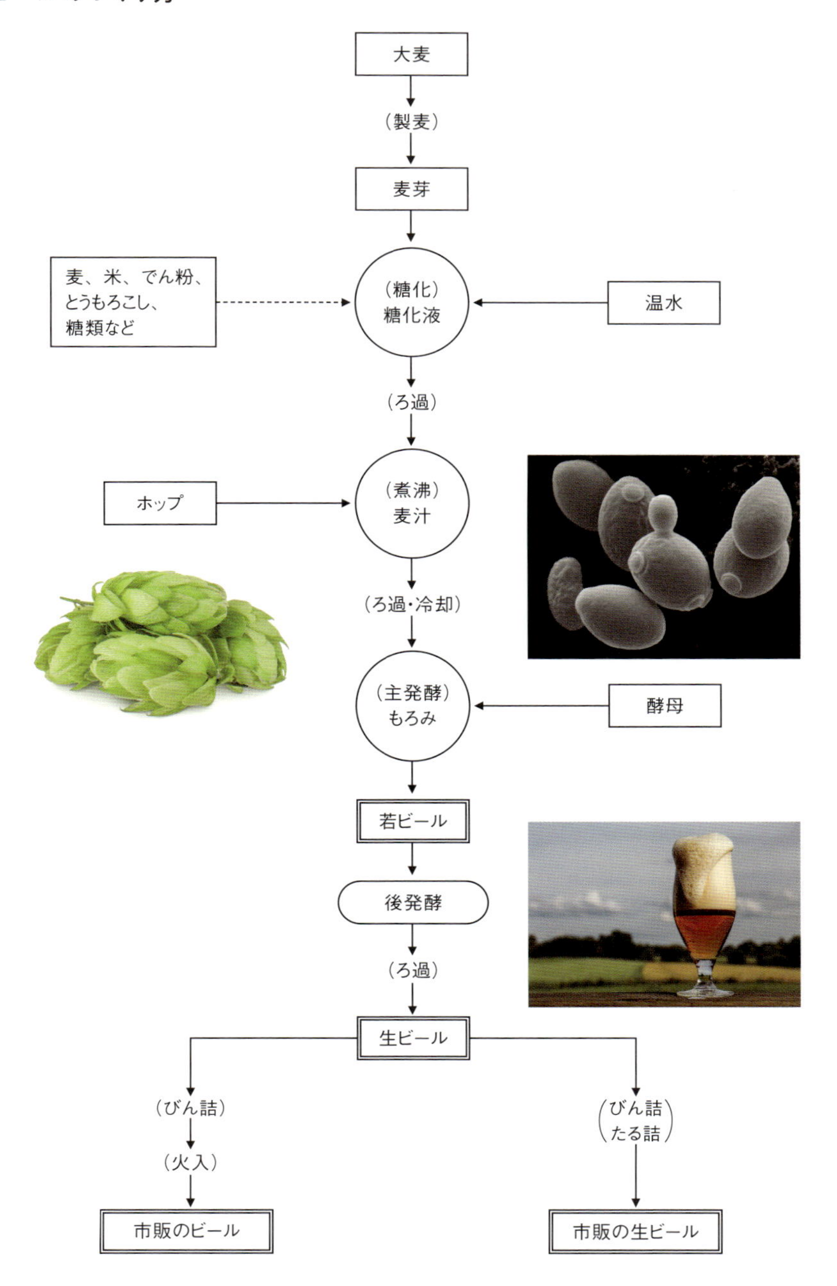

出典：国税庁「酒のしおり」

Q 麹菌(こうじきん)って、どんな菌なの?

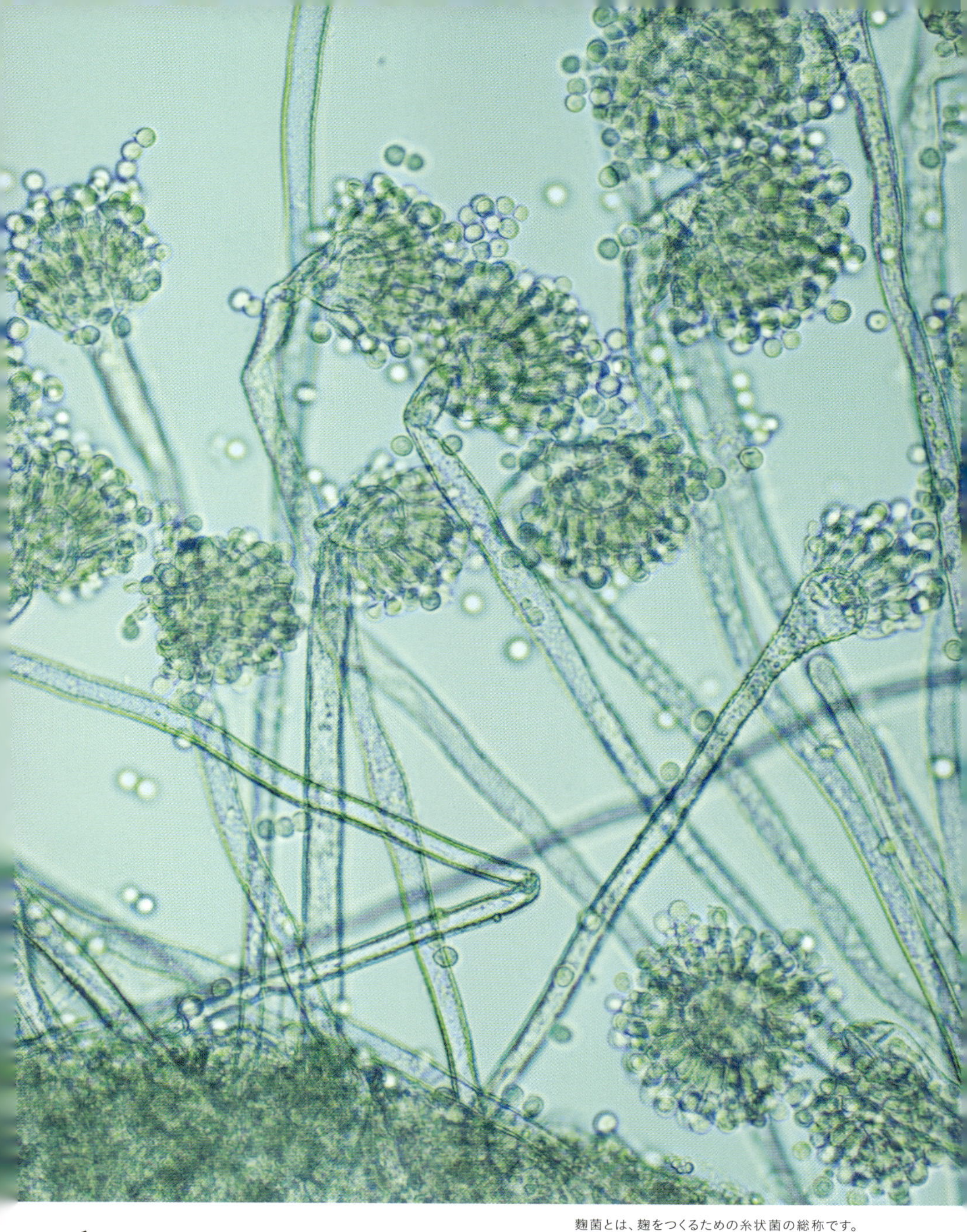

麹菌とは、麹をつくるための糸状菌の総称です。

A
日本の「国菌(こっきん)」です。

麹菌のもつ酵素の力が、日本食には欠かせません。

麹菌は、日本の食文化を支えてきた伝統的なカビです。
日本の料理には欠かせない調味料から、お酒まで、
麹菌の働きが私たちの食卓を豊かに彩っています。
麹菌はさまざまな酵素をもち、原料となる食品を分解して、
旨味や甘味、香りを引き出します。
これらの酵素の働きが、和食に独特のおいしさをもたらしています。

Q1 麹菌が使われている発酵食品を教えて！

A 醤油、味噌、日本酒などです。

日本の食文化において、麹菌は欠かすことのできない存在です。麹菌はカビの一種で、湿度の高い東アジアや東南アジアに生息しています。特に日本の麹菌は「ニホンコウジカビ」と呼ばれ、日本醸造学会によって「国菌」に認定されています。この麹菌を用いることで、醤油、味噌、みりん、酢などの和食に欠かせない調味料や、日本酒、焼酎といったお酒がつくられています。

日本の醤油は、今や海外でも「soy sauce」として親しまれています。

麹菌は味噌の原料である大豆のタンパク質を分解し、旨味のもととなるアミノ酸を生成します。また、デンプンを糖に分解することで、味噌特有の甘味も生み出します。

麹菌にはどんな役割があるの？

A　タンパク質、デンプン、脂質を分解します。

麹菌は菌糸からさまざまな酵素を分泌しています。たとえば、タンパク質をアミノ酸に分解する「プロテアーゼ」、デンプンを糖に分解する「アミラーゼ」、脂質を脂肪酸とグリセリンに分解する「リパーゼ」などが挙げられます。これらの酵素がそれぞれの役割を果たすことで、和食特有の旨味や風味が生み出されているのです。

酵素	機能
プロテアーゼ	タンパク質をアミノ酸に分解する
アミラーゼ	デンプンを糖に分解する
リパーゼ	脂質を脂肪酸とグリセリンに分解する

③ よく聞く「塩麹（しおこうじ）」って何？

A　米麹と塩、水だけでつくる発酵調味料です。

米麹とは、蒸した米に麹菌の種菌をまぶし、繁殖させてつくられる食材です。麹菌が広がった米麹の見た目はフワフワしており、まるで白い綿のようです。この米麹を使った塩麹は、肉や魚を漬け込むと酵素の働きで旨味が増し、さらに柔らかくなります。また、生野菜に和えるだけでも、手軽に美味しい一品をつくることができます。

塩麹は、スーパーなどでも簡単に購入できます。

塩麹のつくり方

材料：米麹（200g）、塩（60g）、水（200g）

①保存容器に米麹を入れ、よくほぐす。
②米麹に塩と水を加え、かき混ぜる。
③保存容器にフタをして、常温で保存する（発酵中）。
④１～２日に１回、かき混ぜる。
⑤とろみや旨味が出てきたら完成。

※使用する容器等は煮沸消毒しておくとよいでしょう。
※夏は1週間、冬は2週間程度の発酵で完成します。
※完成後は冷蔵庫で保存し、3か月以内に消費しましょう。

★COLUMN★

味噌の種類

味噌は主に「米味噌」「麦味噌」「豆味噌」の３種類に分類されます。基本の材料は麹、大豆、塩ですが、使う麹によって種類が変わります。米味噌は米に菌（種麹）をまぶした米麹を、麦味噌は麦に菌をまぶした麦麹を使用し、豆味噌は大豆に直接菌をまぶしてつくられます。それぞれ甘みや濃厚さが異なります。これらの味噌は地域ごとに製法が異なるため、その土地土地ならではの独自の味わいを楽しむことができます。

Q 日本酒づくりにも、微生物が関係するの？

A
麹菌や酵母が関わっています。

月岡芳年（1839～1892年）の『警視各隊賜酒肴之図』(メトロポリタン美術館、ニューヨーク)。警視庁が設立された際の儀式で、天皇から下賜された酒をさかんに飲んでいる様子が描かれています。

おいしい日本酒ができるのは、2種類の菌のおかげです。

日本酒づくりには、主に麹菌と酵母という2種類の菌が使われます。
酵母がアルコール発酵を行うためには糖が必要ですが、
原料となる米のデンプンは酵母自身では分解できません。
そこで、まず麹菌がデンプンを糖に分解する役割（糖化）を担い、
その糖を酵母が分解してアルコールを生成します。
このような日本酒特有の製法を「並行複発酵」といいます。

Q1 日本酒づくりに欠かせない材料は？

A 米と麹菌と酵母と水です。

日本酒づくりは、まず米麹をつくることから始まります。蒸したお米に種麹をまぶし、麹室（こうじむろ）で麹菌を繁殖させます。その後、米麹に蒸し米、水、酵母を加えて酒母（しゅぼ）をつくり、デンプンを糖化して発酵を進めます。次に、酒母に水と蒸し米を加えて醪（もろみ）を発酵させ、搾って液体を抽出します。最後に、ろ過や火入などを施して日本酒が完成します。

日本酒のつくり方

①蒸したお米に種麹をまぶし、米麹をつくる
②米麹に蒸したお米と水、酵母を加える（酒母）
③酒母に水や蒸したお米を加えて発酵させる（醪）
④醪を搾り取り、（火入れして、）ろ過する

蒸した米に種菌（麹菌）をまぶして、米麹をつくる様子。

日本酒のつくり方

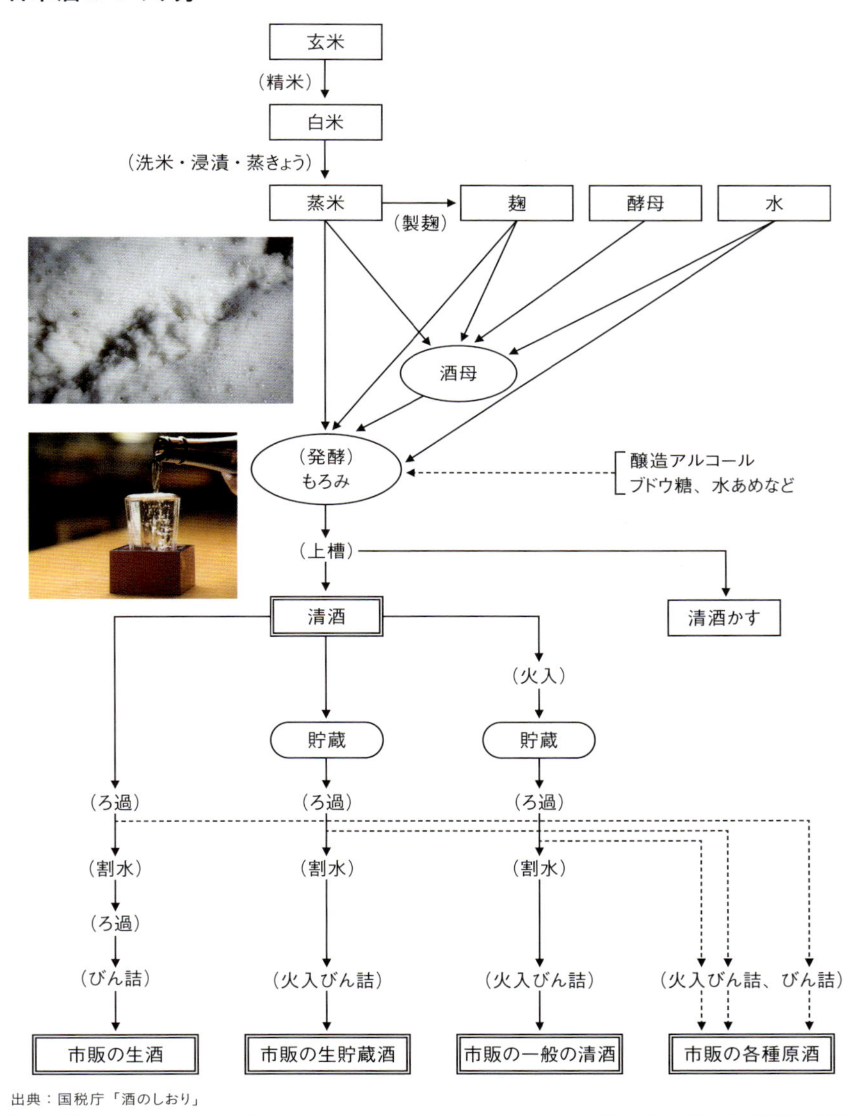

出典：国税庁「酒のしおり」

★COLUMN★

人の唾液でつくる「口噛（くちか）み酒」

日本では古来、神社に奉納されていたお酒は「口噛み酒」だったとされています。人の唾液に含まれるアミラーゼという酵素がデンプンを糖に分解し、その糖を天然の酵母が分解してアルコール発酵を行っていたのです。なお、麹を使ったお酒は、奈良時代以降に登場しました。

Q

納豆って、
どうしてネバネバなの？

A

納豆菌が大豆のタンパク質や
糖類を分解するからです。

納豆のネバネバには、さまざまな
栄養素が含まれています。

健康効果も注目され、高温にも耐えて生き抜きます。

納豆菌は枯草菌の一種で、納豆をつくるために利用される菌です。
大豆のタンパク質や糖類を分解して生じるネバネバには、
血栓を溶かすナットウキナーゼが含まれており、
心筋梗塞や脳梗塞の予防に役立つといわれています。
納豆菌を含む枯草菌の芽胞（胞子）は非常に熱に強い特性をもち、
多様な種類が存在します。

Q1 納豆菌には、どのような効果があるの？

A 悪玉菌の増加を抑制する効果があります。

納豆菌には、腸内の悪玉菌の増加を抑え、乳酸菌などの善玉菌を増やす働きがあります。また、免疫機能を向上させる効果や、抗がん作用を高める効果も期待されています。

Q2 納豆菌の特徴を教えて！

A 100℃でも死なない芽胞をつくります。

多くの菌は栄養が尽きると死滅してしまいますが、納豆菌は芽胞をつくることで自らを保護します。この芽胞状態では、100℃を超える高温にも耐え、生き残ることができます。その強靭さゆえ、酒づくりの現場などでは、納豆菌が酒に混入するのを防ぐために、納豆を食べることが禁じられているほどです。

納豆菌は、枯草菌の一種です。

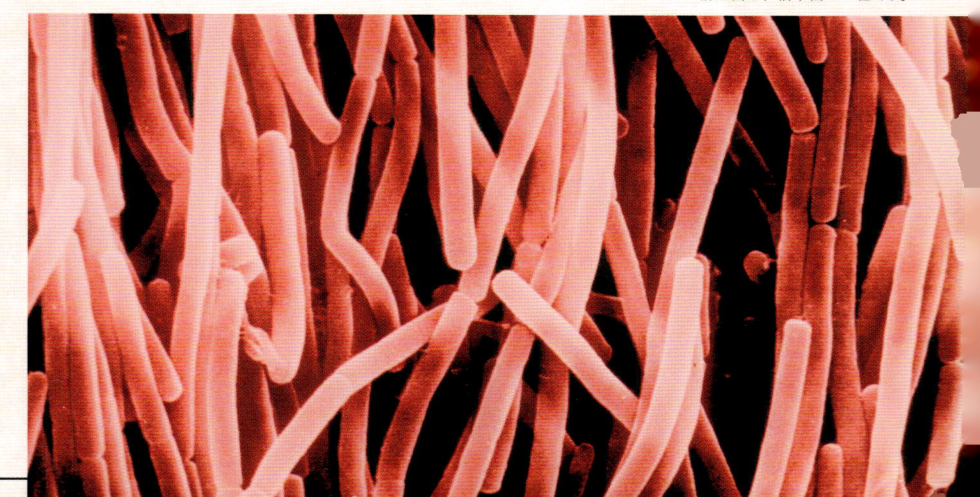

Q3 納豆は、どうして稲わらに包んであるの？

稲わらには多くの納豆菌が棲みついています。

A 多くの納豆菌が棲んでいるためです。

納豆と聞くと、稲わらに包まれた姿を思い浮かべる人もいるかもしれません。実際に、稲わらには納豆菌が多く生息しています。そのため、煮た大豆を煮沸した稲わらで包み、約40℃で保温すると、芽胞から発芽した納豆菌による発酵が進み、納豆をつくることができます。

Q4 枯草菌って、枯葉のあるところにいるの？

A 枯葉に限らず、土壌、水、大気などいたるところに生息しています。

このような落ち葉の降り積もったところには、枯草菌がたくさんいます。

枯草菌はその名の通り、枯れた葉のなかに多く生息していますが、土壌や水中、大気中など、さまざまな場所に広く分布しています。枯草菌は非常に適応力が高く、過酷な環境でも生き残ることができます。

★COLUMN★ オクラのネバネバは菌のはたらきではない

納豆のネバネバに似た食材としてオクラがありますが、オクラのネバネバは菌によるものではありません。ペクチンやアラバン、ガラクタンなどの食物繊維によるもので、これらの成分には、整腸作用などの効果があります。

オクラはアフリカ原産の野菜です。明治時代初期に日本に伝わったとされています。

世界のユニークな発酵食品

これはアイスランドの伝統料理であるハカールです。サメの身を発酵させて水分を抜き、数か月にわたり乾燥と熟成を繰り返します。ハカールは多くのアンモニアを含んでいるため、一口食べると、鼻に強烈なにおいが広がります。

Q 鶏肉は、どうして生で食べてはいけないの？

鶏肉には、食中毒を引き起こす「カンピロバクター」という細菌が多く生息しています。

A
食中毒を引き起こす細菌がいるためです。

食中毒を引き起こす、危険な細菌たちがいます。

細菌には、乳酸菌やビフィズス菌などの有益なものもありますが、
カンピロバクターのような危険な細菌も存在します。
カンピロバクターは肉類、
主に鶏肉に生息していますが、
しっかり熱を通して食べれば
感染を防ぐことができます。

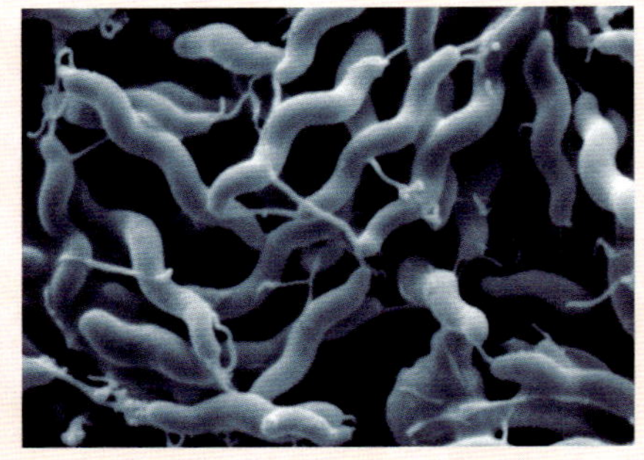

カンピロバクターは数百個の細菌でも感染するため、肉を切った包丁やまな板からも感染する可能性があります。カンピロバクターに感染すると、激しい下痢や嘔吐を引き起こし、まれにギラン・バレー症候群を発症します。

赤ちゃんにハチミツを食べさせてはいけないのはなぜ？

A 乳児ボツリヌス症を引き起こす可能性があるからです。

乳児ボツリヌス症は食中毒の一種。生後１歳未満の赤ちゃんがかかる感染症で、主な症状は便秘、筋力低下、そして体の麻痺です。ボツリヌス菌に感染することで発症します。ボツリヌス菌は、芽胞の状態でハチミツに含まれていることがあります。大人がハチミツを食べても大丈夫なのは胃酸によってボツリヌス菌が死滅するから。赤ちゃんは胃酸の殺菌力が弱いため、菌が胃や腸内で増殖し、毒素を生成することがあるのです。

芽胞は、
非常に耐久性の強い
細胞の状態のこと。

ハチが蜜と一緒にボツリヌス菌の芽胞を運んでくるため、ハチミツ内に含まれることがあります。

Q2 ボツリヌス菌の毒素って、どれくらい強いの？

A 致死量はわずか0.00006mgです。

ボツリヌス菌は、自然界で最も強い毒性を持つ細菌として知られ、その毒性はフグの1000倍以上ともいわれています。土壌や河川などさまざまな場所に生息しており、酸素のある環境では生きられませんが、休眠状態の芽胞として存在することができます。

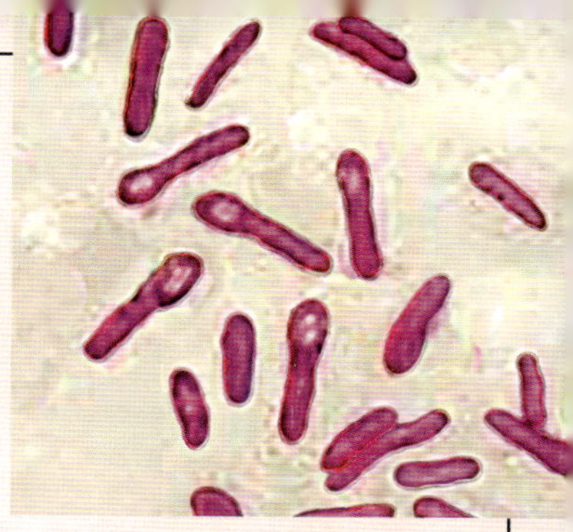

ボツリヌス食中毒にかかると、手足に力が入らなくなり、呼吸困難を引き起こすことがあります。最悪の場合、死亡してしまうこともあります。

Q3 海外の鶏卵は、生で食べてはいけないの？

A サルモネラ菌が付着している可能性があります。

サルモネラ菌は、ニワトリやブタ、ウシなどの家畜の腸内に生息しており、これらの肉や卵を通じて感染することがあります。特に海外の卵はサルモネラ菌が付着している可能性があるため、食べる場合は加熱して食べることをおすすめします。なお、サルモネラ菌に感染すると、激しい下痢を引き起こすことがあります。

Q4 日本の鶏卵は、どうして大丈夫なの？

A 殺菌消毒されているためです。

海外では生卵を食べる習慣がないため、卵に殺菌処理が施されていないことが多いです。一方、日本には生卵を食べる文化があり、卵は殺菌処理が施されてから出荷されているため、安全です。

卵かけごはんを食べられるのは、日本ならでは。ただし日本でも、ニワトリが産んだばかりの卵には、サルモネラ菌が付着している可能性があります。

Q 風呂場にヌルヌルが生じるのはどうして？

日常の生活空間にも、微生物は存在しています。

A
微生物がつくり出しているからです。

私たちの不調の原因は、微生物にあるかもしれません。

私たちの周りには多くの微生物が存在しています。
風呂場や台所などの水回りには、特に多く集まります。
これらは目に見える形で現れることもありますが、
アレルギー症状など体調の変化を通じて気づくこともあります。
微生物は私たちと一緒に生きているということを意識し、
その繁殖を防ぐために、換気と定期的な清掃を心がけましょう。

Q1 風呂場のヌルヌルに名前はあるの?

A 「バイオフィルム」といいます。

バイオフィルムは、風呂場や台所などの水回りでよく見られる、微生物がつくり出す薄い膜状の粘着物です。また、口のなかでも形成されており、歯垢(プラーク)もその一種とされています。このバイオフィルムが、歯周病の原因となります。

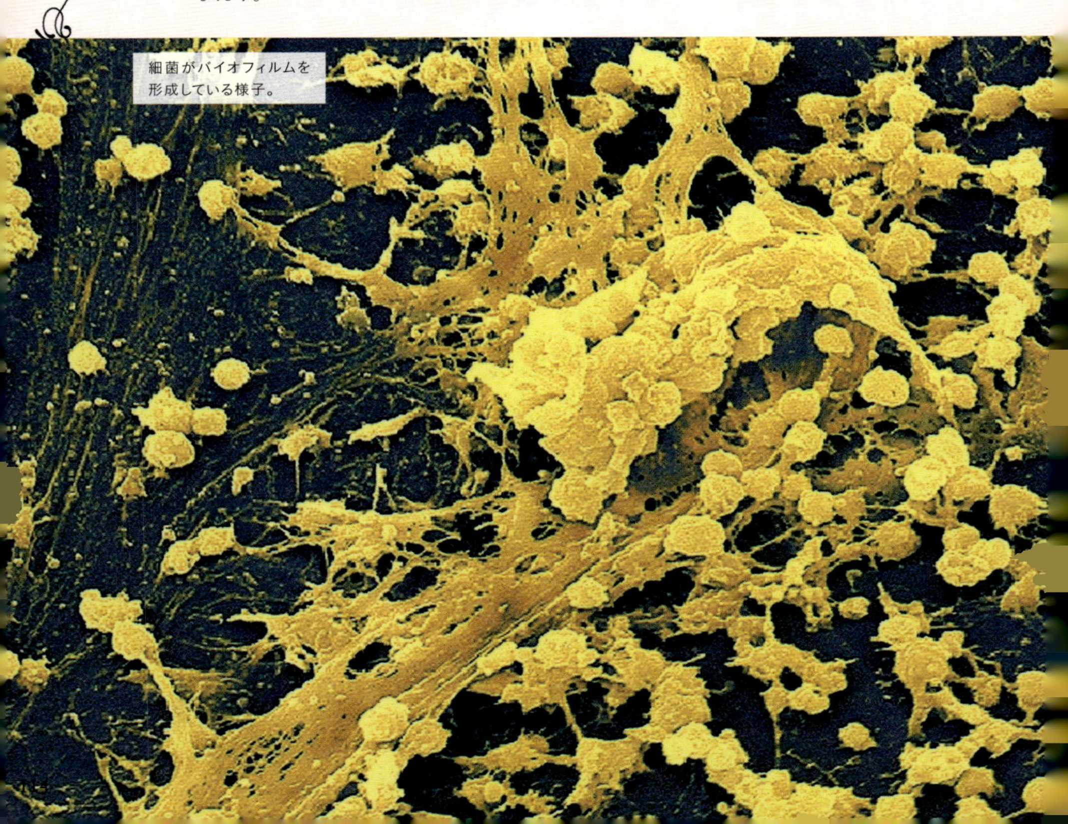

細菌がバイオフィルムを形成している様子。

風呂場の赤いヌルヌルもカビなの？

A 「ロドトルラ」という酵母や「セラチア」などの細菌です。

水回りに発生する赤いぬめりも、微生物が原因です。この「ピンク汚れ」とも呼ばれるぬめりは、酵母菌の一種であるロドトルラや、細菌の一種であるセラチアなどが増殖したものです。これらの微生物は、健康な人にとって特に害はないとされています。

では、黒いカビの正体は？

A 「クラドスポリウム」です。

クロカビの正式名称は「クラドスポリウム」です。風呂場や台所など、湿気の多い場所を好んで増殖します。クラドスポリウムは、毒素を生成することはありませんが、その胞子が喘息やアレルギー症状の原因となる場合があります。

換気を心がけて湿気を取りのぞくことで、クロカビの再発を防ぐことができます。

温泉施設などに潜む菌もいるの？

A レジオネラ菌が生息する場合があります。

レジオネラ菌は、温泉のほか、冷却塔やエアコンなど湿度の高い場所でよく見られ、発熱や重度の肺炎を引き起こす危険な細菌です。この細菌は、1970年代にアメリカで発生した集団感染によって発見され、日本でもたびたび集団感染が報告されています。

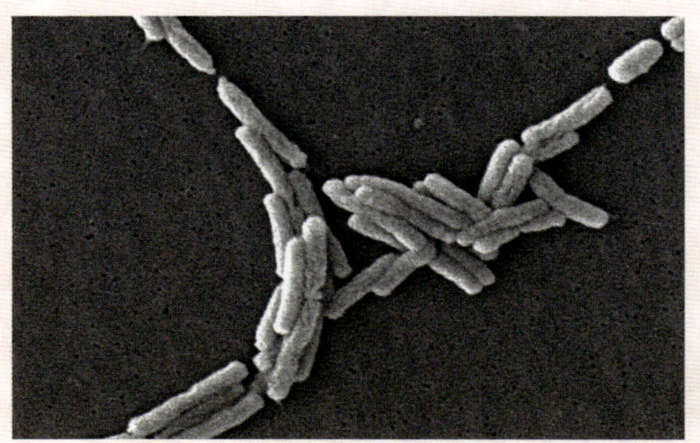

レジオネラ肺炎は、高熱、倦怠感、筋肉痛、呼吸困難などの症状を引き起こし、重症化すると呼吸不全により命に関わることもあります。

Q 世界を震撼させた微生物って、いる？

1665 年にロンドンで発生したペスト菌の
大流行の様子が描かれた絵画。

A
ペスト菌は世界を震撼させました。

ペスト菌の恐ろしさは、人類の歴史に刻まれています。

ペスト菌は過去に3回、世界的なパンデミックを引き起こしています。
6世紀の東ローマ帝国から始まり、14世紀には「黒死病」と呼ばれ、
19世紀末にも再び大流行し、多くの命が奪われました。
ペスト菌は感染力が強く、治療法がなかった時代には
まるで悪魔や死神のような存在でした。

18世紀にマルセイユで発生したペスト菌の感染拡大と、その影響が描かれている絵画（作者不詳）。

Q1 どれくらいの人が亡くなったの？

A 14世紀の流行では、推計8500万人以上です。

ペストの世界的な大流行は3回ほどありますが、そのなかでも14世紀の大流行は、ヨーロッパの全人口の3分の1、全世界で推定8500万人以上もの人々の命を奪ったとされています。目には見えない病原体が、短期間で広範囲にわたって人々を襲い、社会全体に深刻な影響を与えました。

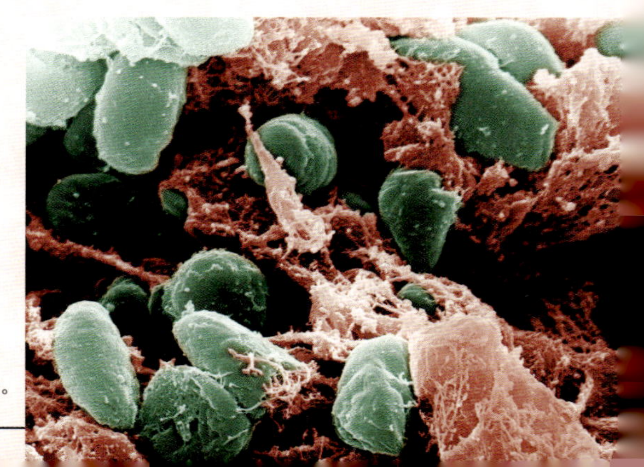

電子顕微鏡で観察したペスト菌。

Q2 どのように人に感染するの？

A ノミを介して感染します。

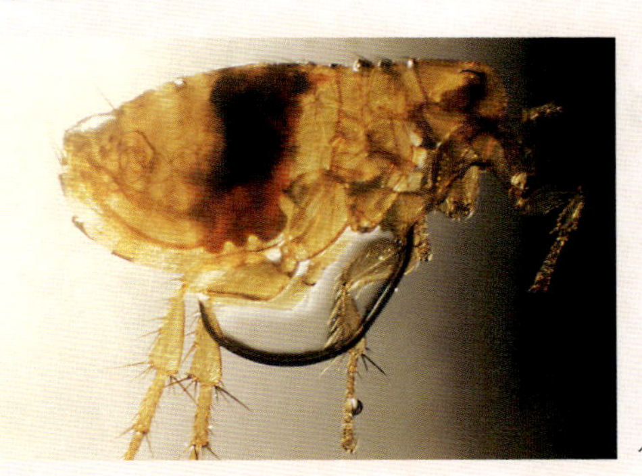

ペスト菌の人への感染経路は、「ネズミ→ノミ→ヒト」となります。本来、ペストはネズミに感染する病気ですが、ネズミノミというノミが人間の血液を好むため、これが人間への爆発的な感染拡大を引き起こしたとされています。

ペスト菌を運ぶネズミノミ。

ペストには、どのような症状があるの？

A 主に「腺ペスト」「敗血症型ペスト」「肺ペスト」があります。

腺ペストは、傷口や粘膜から感染し、リンパ節の組織が壊死（えし）し、膿瘍（膿がたまった腫れ）が形成されます。敗血症型ペストは、ペスト菌が血流に入ることで、ショック症状、昏睡、手足の壊死などの敗血症を引き起こし、2～3日以内に死に至ります。肺ペストは、肺にペスト菌が入り込むことで、高熱、頭痛、嘔吐、呼吸困難などを発症し、発病後は24時間以内に死亡するとされています。

ペスト菌が「黒死病」とも呼ばれているその理由とは？

ペスト菌が「黒死病」と呼ばれる理由は、体に黒い斑点が現れるからです。これは、ペスト菌が血液を通じて全身に広がる敗血症型ペストの特徴で、皮膚に黒いあざが現れるため、黒死病（Black Death）と恐れられたのです。

画家マティアス・グリューネヴァルト（1475頃～1528年）と彫刻家ニコラウス・ハーゲナウアーによる『イーゼンハイム祭壇画』（1512～1516年、ウンターリンデン美術館、コルマール、フランス）には、ペストの症状を思わせるあざに覆われた病人の痛々しい姿が描かれています。

ふしぎで美しい粘菌②

フワフワとした赤色のスポンジのように見えるこの粘菌は、ウツボホコリと呼ばれています。世界中に広く分布し、一般的に子実体は群生して見られます。ウツボホコリの仲間には白色や黄色の子実体をもつものもあり、その色彩は非常に鮮やかです。

Q ペスト菌を発見したのはだれ？

世界中の人々が行きかう国際都市・香港。2人はそこで同時期に、それぞれペスト菌を発見したとされています。

A
北里柴三郎とイェルサンです。

3度目のペスト菌の大流行を2人の細菌学者が鎮めました。

3度目となるペスト菌の世界的な大流行は、1894年に始まりました。
最初に中国南部で猛威を振るい、その後、香港へと拡大していきます。
当時の香港は貿易港として多くの国々とつながっていたため、
日本へもペスト菌が伝播する可能性が懸念されました。
そこで、日本政府は香港にペスト菌の調査団を派遣します。
そのメンバーの1人が、北里柴三郎でした。

Q1 北里柴三郎は、どのくらいの期間でペスト菌を発見したの？

A 香港に到着して2日後です。

北里柴三郎（1852～1931年）を含むペスト菌の調査団は、1894年6月12日に香港に到着し、そのわずか2日後にペスト菌を発見しました。また、同時期にフランス国籍のスイス人細菌学者アレクサンドル・イェルサン（1863～1943年）も、香港でペスト菌を発見しています。

北里柴三郎は、「日本の細菌学の父」と呼ばれています。

アレクサンドル・イェルサンの名前は、ペスト菌の学名である「エルシニア・ペスティス（*Yersinia pestis*）」の由来にもなっています。

Q2 北里柴三郎には、ほかにどんな功績があるの？

A 破傷風の治療法を発見しました。

破傷風は、破傷風菌が生成する毒素による感染症です。傷口などから感染し、筋肉の痙攣や呼吸困難などを引き起こし、死に至ることもあります。北里柴三郎は、破傷風菌の純粋培養を成功させ、さらにその治療法も確立しました。

Q3 北里柴三郎の交友関係を教えて！

A 福沢諭吉や野口英世と関わりがあります。

福沢諭吉（1834～1901年）は、北里柴三郎が内務省に求めても実現しなかった伝染病研究所の設立を、私財を投じて援助しました。この研究所からは、黄熱病の研究で知られる野口英世（1876～1928年）など、多くのすぐれた研究者を輩出しています。また、研究所内では、野口と北里が親交を深めたと伝えられています。彼らは全員、日本の紙幣に描かれるほどの偉人でもあります。

野口英世は、黄熱病の研究に生涯を捧げました。しかし、研究中に自らも黄熱病に感染し、51歳の若さでその生涯を閉じました。

福沢諭吉は、啓蒙書『学問のすゝめ』を著し、慶應義塾を設立した思想家です。

★COLUMN★

北里柴三郎の名前がペスト菌の学名に入っていない理由とは？

北里柴三郎はペスト菌の発見者でありながら、学名にはもう１人の発見者であるイェルサンの名前だけが使われています。その理由は、２人が発表した論文に食い違いがあったこと、そして当時イェルサンの論文がより支持を得たことにあります。その結果、ペスト菌の学名は「*Yersinia pestis*」と命名されました。しかし、北里柴三郎がペスト菌を発見した事実に疑いはなく、その功績は日本国内外で高く評価されています。

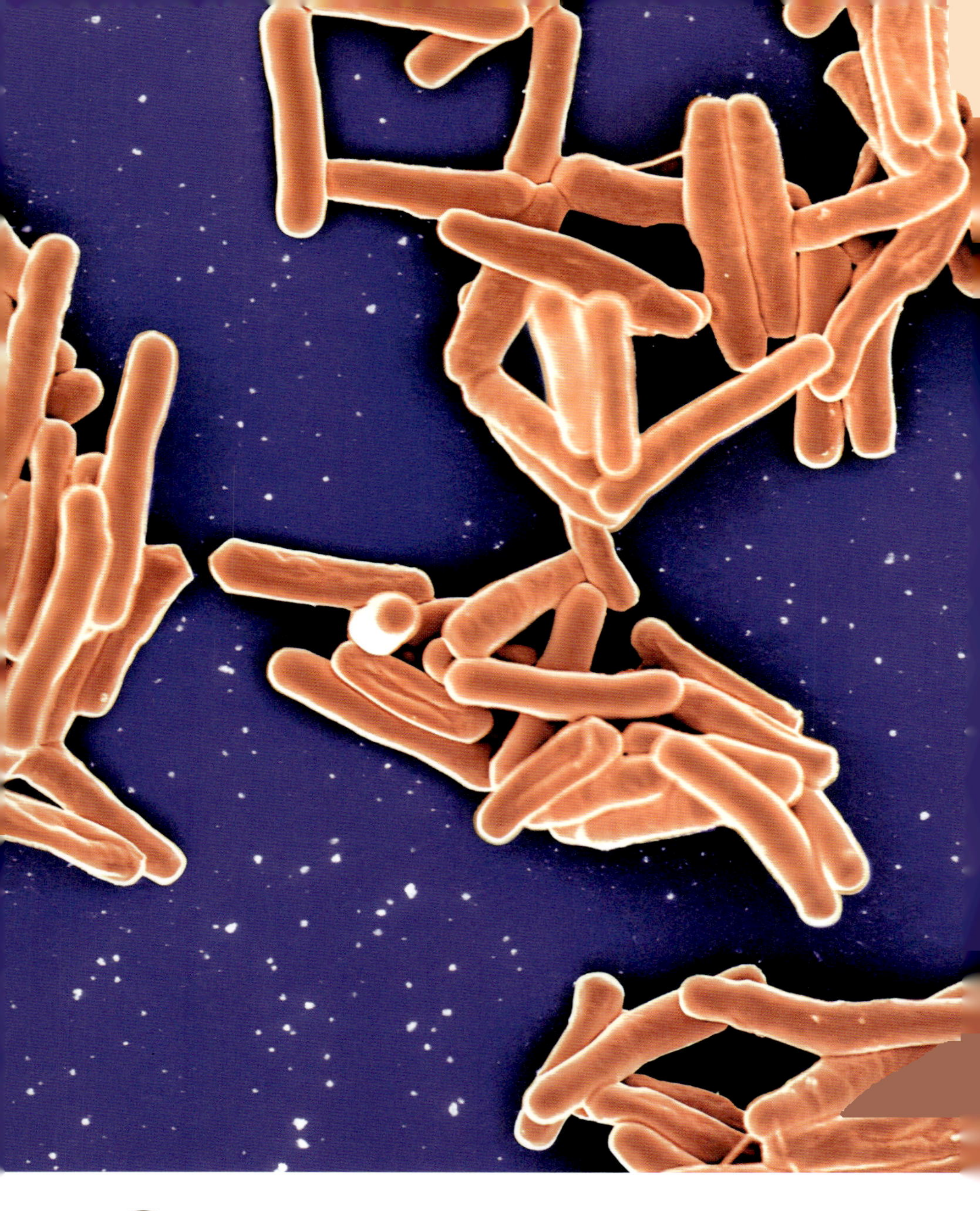

Q 結核も菌が原因の病気なの？

結核菌は、肺に炎症を引き起こします。

A
結核菌という細菌による感染症です。

結核菌による結核は、不治の病と恐れられました。

結核菌は、結核の原因となる細菌です。
主に肺へ感染しますが、腸などの他の臓器にも感染します。
感染力が強く、人から人へと広がっていき、
少し前までは「不治の病」として恐れられていました。
現在は医学が進歩し、ワクチンなども普及したため、
早期発見と適切な治療で感染拡大を防げるようになりました。

Q1 結核は治る病気なの？

A 現在は、治療可能な病気になりました。

1950年頃までは、感染すると死亡率も高く、不治の病とされていました。しかし、現在では治療法が確立されており、ワクチンの普及や生活水準の向上などによって、結核による死亡率は激減しました。

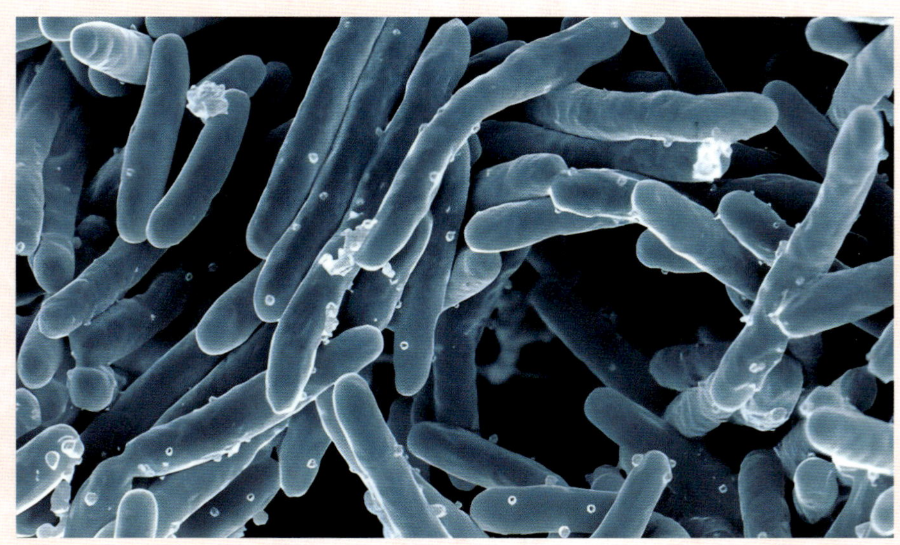

これらが、結核の原因となる結核菌です。

結核の主な症状

病名	主な症状
肺結核	咳、痰、発熱、体重減少、全身の倦怠感など
腸結核	腹痛、下痢、血便、食欲低下、発熱など
腎結核	頻尿や血尿などの泌尿器に関連した症状

Q2 結核菌はどのように感染するの？

A 人による飛沫感染です。

結核菌は、結核患者が咳やくしゃみをした際に飛び散るしぶきとともに空気中に浮遊し、それを吸い込むことで感染します。通常、吸い込んだ結核菌は体内に侵入する前に排出されますが、免疫機能による防御を突破すると感染します。感染しても症状が出ない場合もあります。

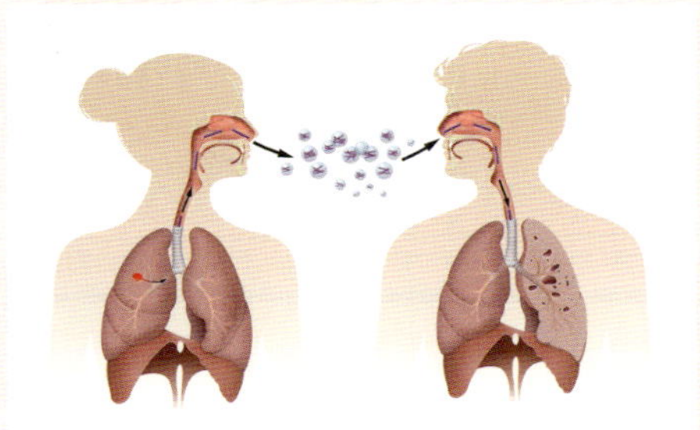

結核菌の飛沫感染は、主に肺結核の原因となります。

Q3 結核は、いつからある病気なの？

A 紀元前からある病気で、産業革命時に流行しました。

最も古いものでは、エジプトのミイラから結核の痕跡が発見されています。その後、イギリスの産業革命を契機に、都市部での人口過密などが原因となり、結核は流行しました。これは、不衛生な環境や長時間の労働などに起因しています。

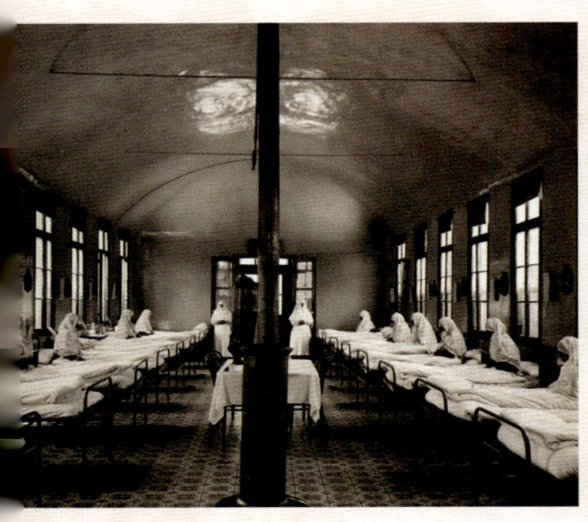

19世紀後半のトルコ・コンスタンティノープル（現在のイスタンブール）にある結核病棟。当時の結核患者の治療環境を示しており、病院の様子が記録されています。

アメリカの小説家ハリエット・ビーチャー・ストウの『アンクル・トムの小屋』で、主要人物のエヴァが結核で亡くなるシーンが描かれた作品。結核は、トマス・マンの『魔の山』や堀辰雄の『風立ちぬ』でも、物語の重要なモチーフになっています。

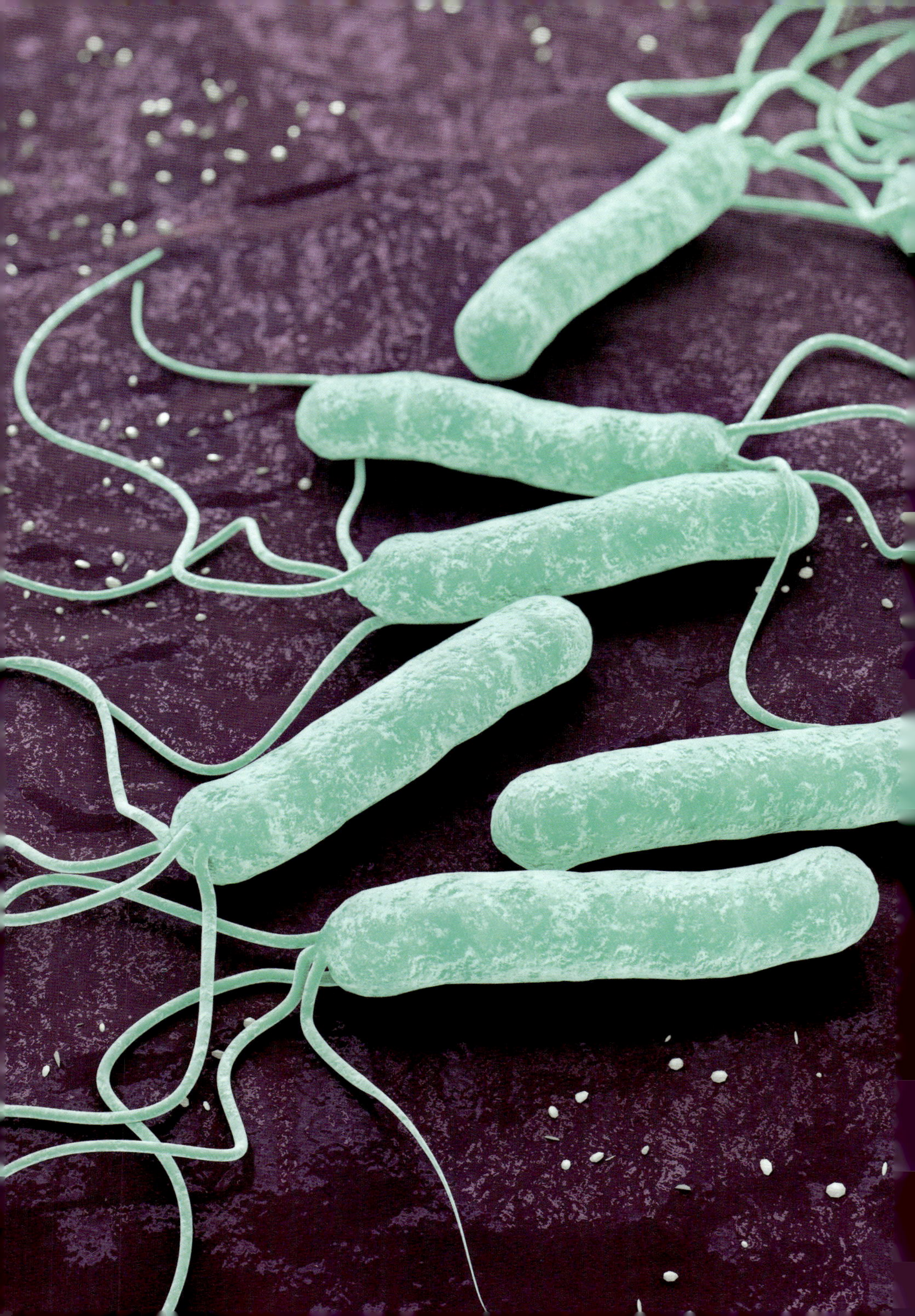

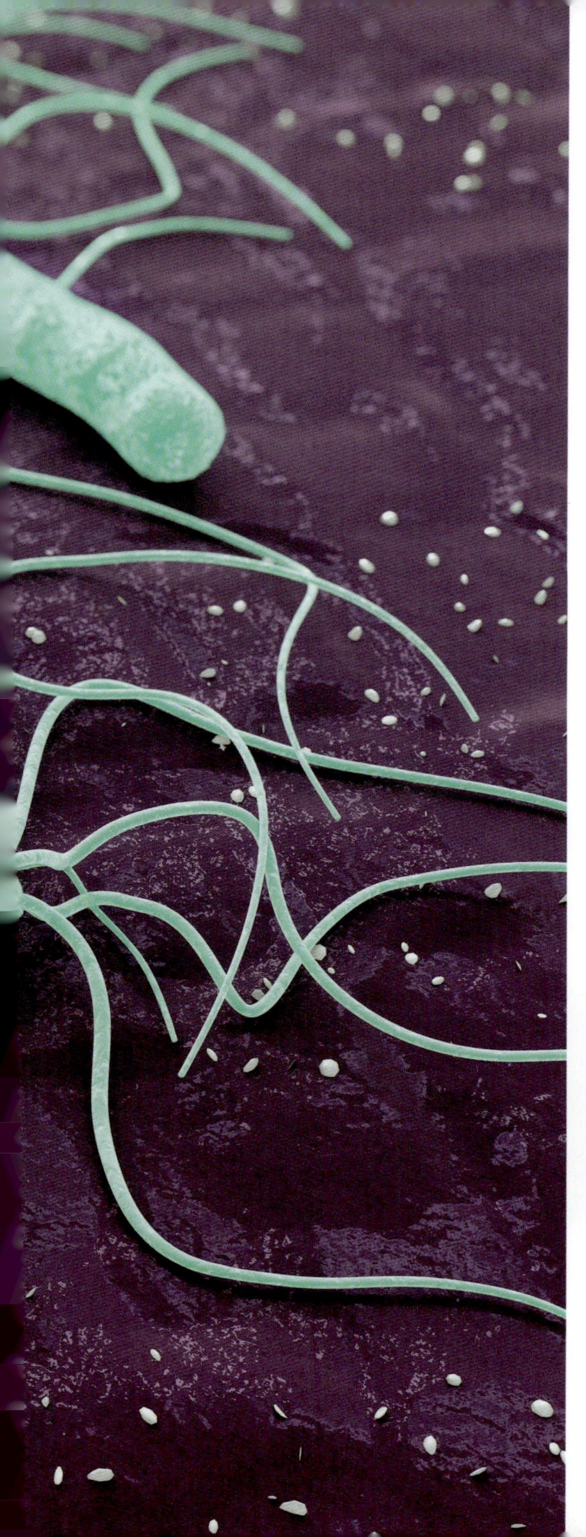

Q
ピロリ菌って、どんな菌？

A
感染したら、胃の粘膜に生息します。

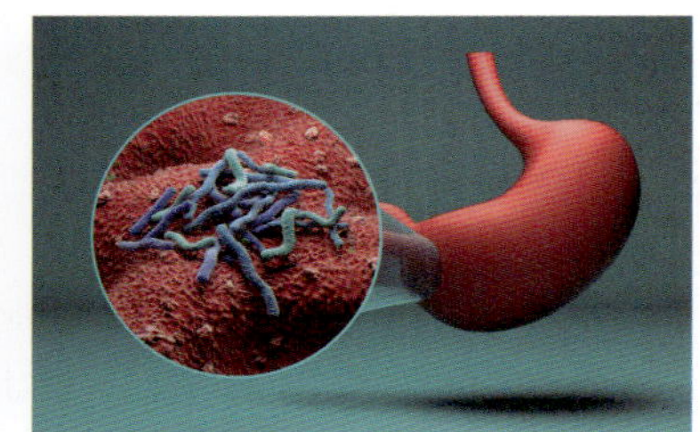

ピロリ菌は、胃と腸をつなぐ幽門（ゆうもん）に多く生息しています。

正式名称は「ヘリコバクター・ピロリ」といいます。

井戸水を飲むと、感染するリスクがあります。

ピロリ菌は胃に感染する細菌です。
主に胃炎や胃潰瘍の原因となります。
また、胃がんのリスクを高めることでも知られています。
世界では約40％以上の人々が感染しているとされ、
そのうち約70％は無症状といわれています。
症状が現れた場合でも、適切な治療を行うことで改善できます。

Q1 ピロリ菌は、胃酸では死なないの？

A 酸性度の少ない胃粘膜に侵入して生きています。

通常の細菌は人間の胃酸によって死滅するため、胃のなかでは生存できません。しかし、ピロリ菌は酵素を使って胃内の尿素からアンモニアを生成し、胃酸を中和します。さらに、酸性度が低い胃粘膜に侵入することで、生存を可能にしています。

人間の胃のなかのピロリ菌を400倍の倍率で観察した画像。

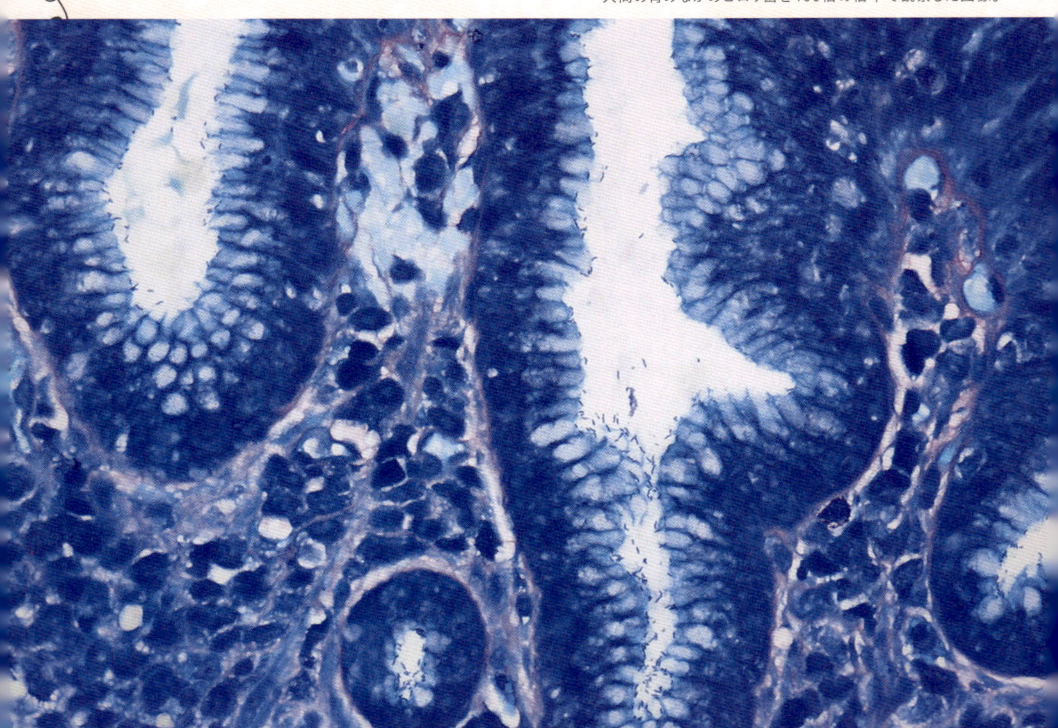

Q2 ピロリ菌の感染者に、高齢者が多いのは本当？

A 本当です。

日本では、50歳以上の約半数がピロリ菌に感染しているとされています。その主な原因の1つは、幼少期に井戸水を飲んでいたことだと考えられています。ピロリ菌は井戸水などに潜むことがあり、生水を摂取することで感染するリスクがあるのです。しかし、現代では井戸水をそのまま飲む習慣が少なくなったため、若い世代の感染率は低い傾向にあります。

経口感染とは、病原菌の混入したものを飲食して感染すること。

ピロリ菌は、土壌や井戸水などに生息しています。

Q3 井戸水を飲んでいない若い世代も感染するの？

A 経口感染する場合があります。

若い世代の感染率は低い傾向にありますが、それでもピロリ菌に感染する場合があります。感染経路はさまざまですが、主にピロリ菌を保有する人からの経口感染が原因と考えられています。

★COLUMN★

動物や植物と同じように、細菌の学名もラテン語由来？

細菌の学名の多くはラテン語に由来しています。たとえば、「ヘリコバクター・ピロリ」もラテン語に基づいており、「ヘリコ」は「らせん」を意味する「ヘリコイド」に由来し、「ピロリ」はその菌がよく見つかる胃の出口を指す「ピロラス」というラテン語から来ています。もう1つ例をあげましょう。大腸菌の学名は*Escherichia coli*（エシェリヒア・コリ）で、*Escherichia*は1885年に大腸菌を発見したテオドール・エシェリヒ（1857～1911年）を、*coli*は大腸（colon）をあらわします。

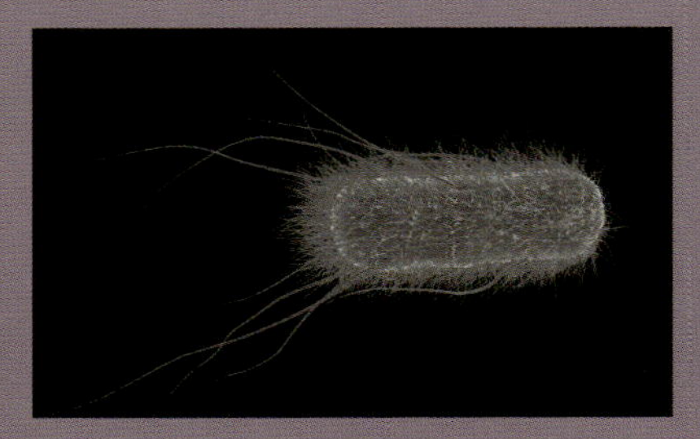

Escherichia coli（大腸菌）。

「蛍光を発する」という意味の学名をもつ「シュードモナス・フルオレッセンス（*Pseudomonas fluorescens*）」は、その名のとおり、紫外線を照射すると蛍光を発します。

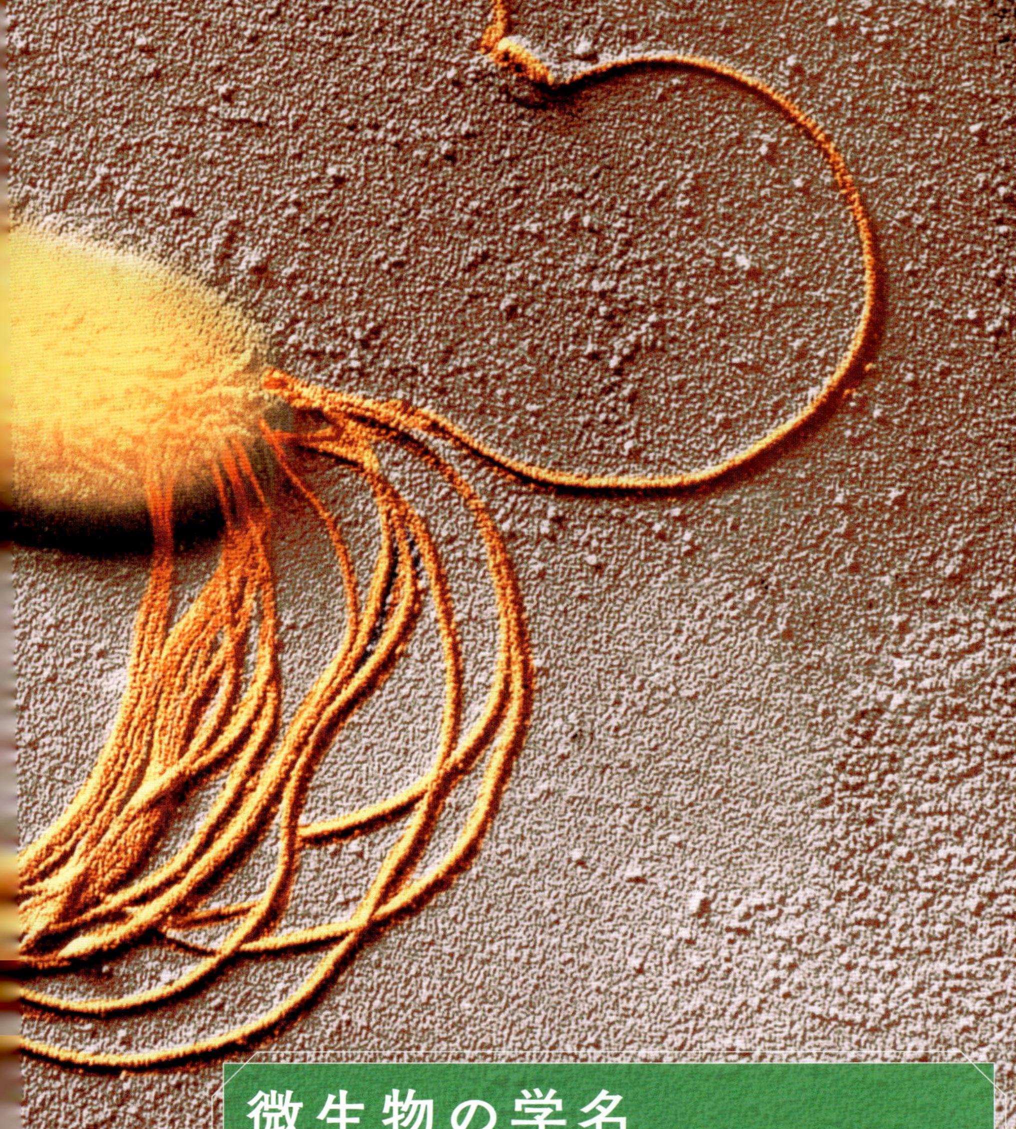

微生物の学名

すべての生物には「二命名法」と呼ばれる命名法が適用されています。この方法は、18世紀のスウェーデンの植物学者カール・フォン・リンネ（1707～1778年）が考案しました。二命名法では、最初の名前は「属名」を最初の文字を大文字で示し、2番目の名前は「種形容語（種小名）」を小文字で表記します。属名と種形容語を1つにすることで「種名」を表し、イタリック体で表記するのが基本です。また、1つの論文や文章中で初出以外の属名は、最初の1文字以外を省略することもできます。たとえば、大腸菌の *Escherichia coli* を同じ論文中で2度目以降に記載する際には、*E. coli* と表します。

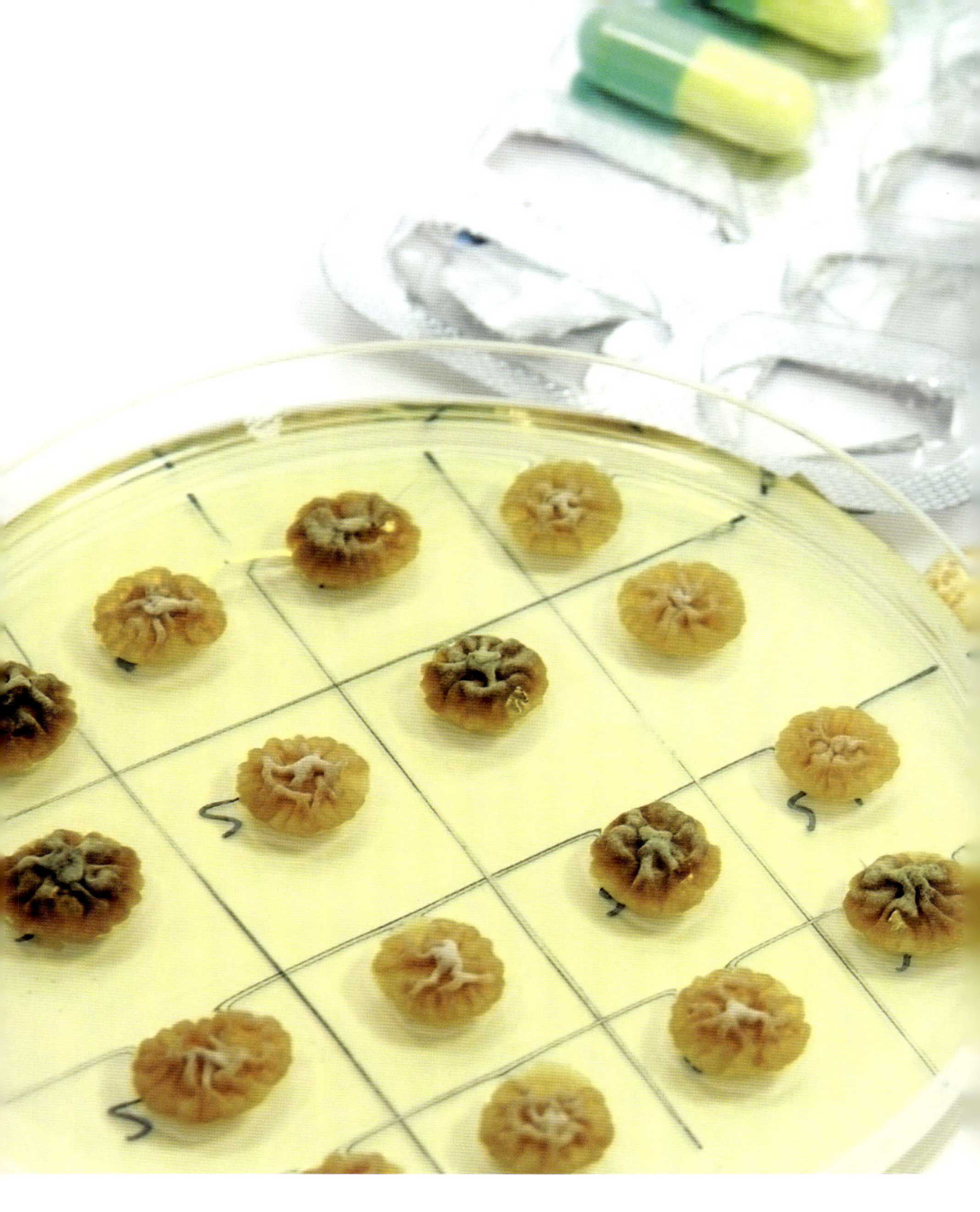

Q 細菌感染症の治療薬について教えて！

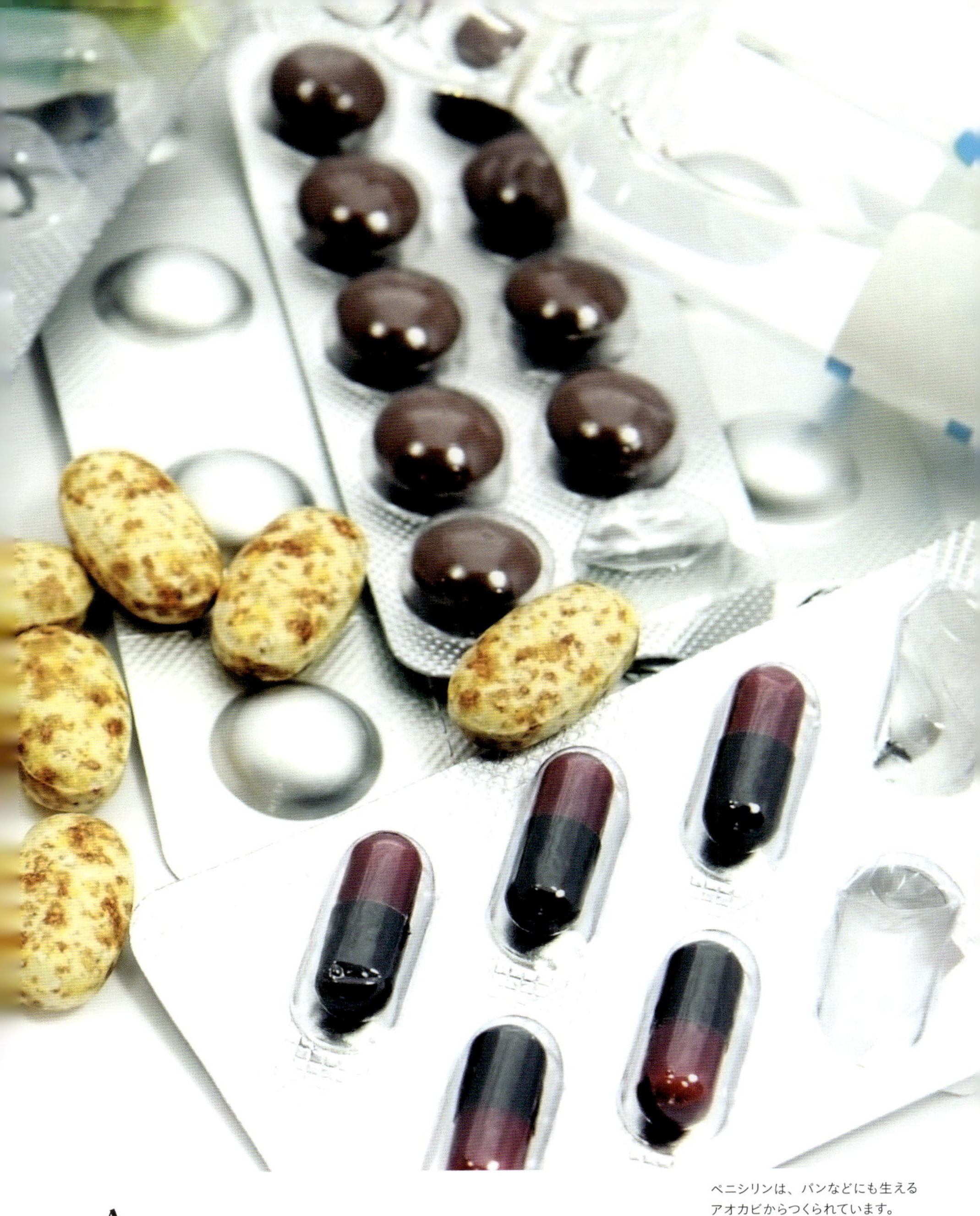

ペニシリンは、パンなどにも生える
アオカビからつくられています。

A
ペニシリンの発見が治療に革新的な役割を果たしました。

細菌感染症の治療薬は、アオカビからつくられます。

ペニシリンは、細菌感染症を治療する抗生物質です。
大量生産ができるようになると、
多くの命を救う救世主となりました。
ペニシリンは抗生物質の歴史において
革新的な役割を果たしたのです。

抗生物質は、
他の微生物や生物細胞の
発育を阻害する有機物質。

アオカビの生えたチーズ。

Q1 ペニシリンは、だれが発見したの?

A 細菌学者のフレミングです。

1928年、フレミングは細菌感染症の治療薬として、ペニシリンを発見しました。この薬は多くの感染症を治療し、「奇跡の薬」と称されました。ペニシリンのおかげで、これまで助からないとされていた多くの命が救われたのです。

スコットランドの細菌学者アレクサンダー・フレミング(1881〜1955年)。彼はペニシリン発見の功績が認められ、1945年にノーベル生理学・医学賞を受賞しました。

2Q どのように発見されたの？

A 別の菌を培養したときに偶然に発見されました。

1928年、ブドウ球菌の培養シャーレに混入したアオカビ（*Penicillium chrysogenum*）が、ブドウ球菌の成長を抑制していることが観察されました。この現象そのものはフレミングが発見したものではありませんが、彼はこれをきっかけに感染症を治療する抗生物質の開発へとつなげていきました。

フレミングが使ったペニシリン培養のシャーレ（細菌培養に使う皿）。

3Q ペニシリンを大量生産したのは、だれ？

A 病理学者のフローリーと生化学者のチェーンです。

オーストラリア出身のハワード・ウォルター・フローリー（1898～1968年）とドイツ人のエルンスト・ボリス・チェーン（1906～1979年）らは、ペニシリンを感染症治療薬として大量生産することに成功しました。この業績は「ペニシリンの再発見」とも称され、彼らはフレミングと共にノーベル生理学・医学賞を受賞しました。

1940年代に、研究室内でペニシリンを生成する様子。

4Q ペニシリンは、感染症であればなんでも効くの？

A 主に細胞壁が厚いグラム陽性細菌*に効きます。

ペニシリンは、肺炎や咽頭・喉頭炎などのグラム陽性細菌には効果がありますが、すべての感染症に効くわけではありません。また、ペニシリンに耐性を持つ細菌も増えています。さらに、ペニシリンは細菌ではない病原体（ウイルスなど）にはまったく効果がありません。

*グラム陽性細菌：グラム染色という染色法によって青紫色に染まる細菌の総称。細胞壁が薄いと赤く染まり、グラム陰性細菌と呼ばれます。

Q 微生物はプラスチックを分解できないの？

プラスチックは容易に分解されないため、海に流れ着いて、海の生態系に深刻なダメージを与えます。

A

一部の微生物のみ分解することができます。

プラスチックを栄養とする新種の細菌が発見されました。

現在、廃プラスチックの処理は世界的な課題となっています。
これらのプラスチックは自然界に蓄積し、
やがてマイクロプラスチックとして海洋を漂い、
多くの海洋生物に悪影響を及ぼしています。
そんななか、プラスチック分解酵素をつくる細菌が発見されました。
その研究が問題解決の糸口となる可能性があります。

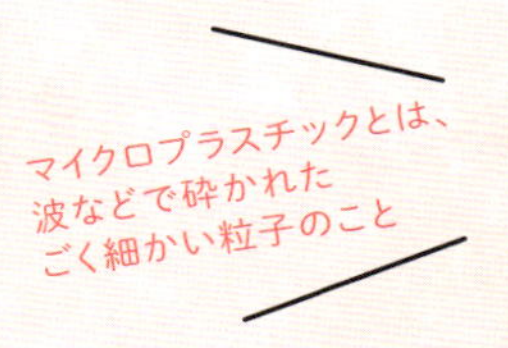

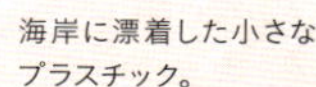
海岸に漂着した小さなプラスチック。

Q1 特別な細菌ではなくても分解できるプラスチックはないの？

A 生分解性プラスチックなら、簡単に分解できます。

微生物のはたらきによって分解されるプラスチックを、「生分解性プラスチック」といいます。その代表例がポリ乳酸（PLA）です。石油などの化石資源を原料として使わずに、トウモロコシなどの植物由来の再生可能資源を使います。

家畜飼料用のトウモロコシなどを原料として、ポリ乳酸がつくられています。

ポリ乳酸ってどうやってつくるの？

A　ブドウ糖を乳酸菌が分解してつくります。

ポリ乳酸の生成は、トウモロコシから得たデンプンを酵素でブドウ糖に分解することから始まります。そのブドウ糖を乳酸菌で乳酸発酵させて乳酸を生成し、さらにこの乳酸をつなげることで、ポリ乳酸がつくられます。

Q3　ポリ乳酸は、どのように分解されるの？

A　微生物によって加水分解されたあと、代謝されて生分解されます。

加水分解とは、化合物が水と反応して分解することです。ポリ乳酸は微生物によって加水分解されたあと、細胞内に取り込まれて代謝され、最終的に水と二酸化炭素に生分解されます。このときの二酸化炭素の排出量は、石油由来のプラスチックを製造する際の排出量よりも少なくなります。

植物由来のポリ乳酸が分解されて排出される二酸化炭素は、もともと大気中に存在していたものです。そのため、大気中の二酸化炭素の量には変化がありません。このしくみを「カーボンニュートラル」と呼びます。

Q4　ポリ乳酸は、どこで利用されているの？

A　ストローや食品トレーなどです。

ポリ乳酸は、ストロー、食品トレー、ティーパック、農業用マルチフィルムなど、さまざまな製品に利用されています。

植物由来の生分解性プラスチックのコップ。
堆肥化できて、環境にやさしい素材です。

Q 飲食物など以外で微生物は活用されていないの？

A エネルギー源としても利用されています。

バイオエネルギーのエネルギー源の1つ、バイオエタノールは、サトウキビなどを原料としてつくられます。写真は、バイオエタノールの主要生産国であるブラジルのサトウキビ畑。

バイオエネルギーは、微生物の力でつくられています。

私たちが利用しているエネルギーの大部分は、
石油をはじめ、石炭や天然ガスなどの化石燃料に依存していますが、
化石燃料は有限であり、いつかは枯渇してしまいます。
そこで、太陽光発電などの再生可能エネルギーや
微生物の発酵によって生み出される
「バイオエネルギー」が注目されています。

バイオエネルギーには、
バイオエタノール、
バイオディーゼル、
バイオジェット燃料、
バイオガスがある

バイオ燃料は、自動車用の燃料としても用いられます。

Q1 バイオエタノールができるしくみを教えて！

A 酵母によるアルコール発酵を利用しています。

バイオエタノールは、トウモロコシやサトウキビなどの植物由来の原料からつくられるエタノールです。このエタノールを生成するために、酵母が使用されます。酵母は、サトウキビなどから得た糖分を分解し、アルコール発酵を行ってエタノールを生成します。

アメリカでは代替燃料の研究が進められています。これにより、エネルギー供給の持続可能性を高めることを目指しています。

② バイオガスには、どんな微生物が関わっているの？

A メタンガスを生成するメタン生成古細菌が関わっています。

生ごみや家畜の糞尿などの有機物を分解することで、メタンガスや二酸化炭素を含むバイオガスが生成されます。この反応はメタン生成古細菌によって行われます。生成されたガスは、ガスエンジンなどで利用されています。

メタンガスは
都市ガスの燃料にも使われる
無色・無臭の気体

家庭から出る生ごみや家畜の糞尿を、このように保管しています。

③ ほかにもエネルギーをつくる微生物はいる？

A 石油を生成する微生物がいます。

驚くべきことに、石油の代替燃料を生成する微生物が存在します。この微生物は「オーランチオキトリウム」と呼ばれ、糖などを原料にスクアレンというオイルを生成します。実用化にはまだ多くの課題がありますが、将来的な可能性が期待されています。

★COLUMN★

石油を分解する!? 変わり種の石油分解菌

石油を生成する微生物もいれば、石油を分解する微生物もいます。後者は、海洋などに漏れ出た石油を分解し、汚染を防ぐ重要な役割を果たしています。石油による汚染が発生すると、海水中の石油分解菌の割合は1%以下から10%以上に増殖します。この石油分解菌のおかげで、地球の海洋環境が守られています。

オイルタンカーやコンテナ船の座礁なども、石油が海に流出する一因です。

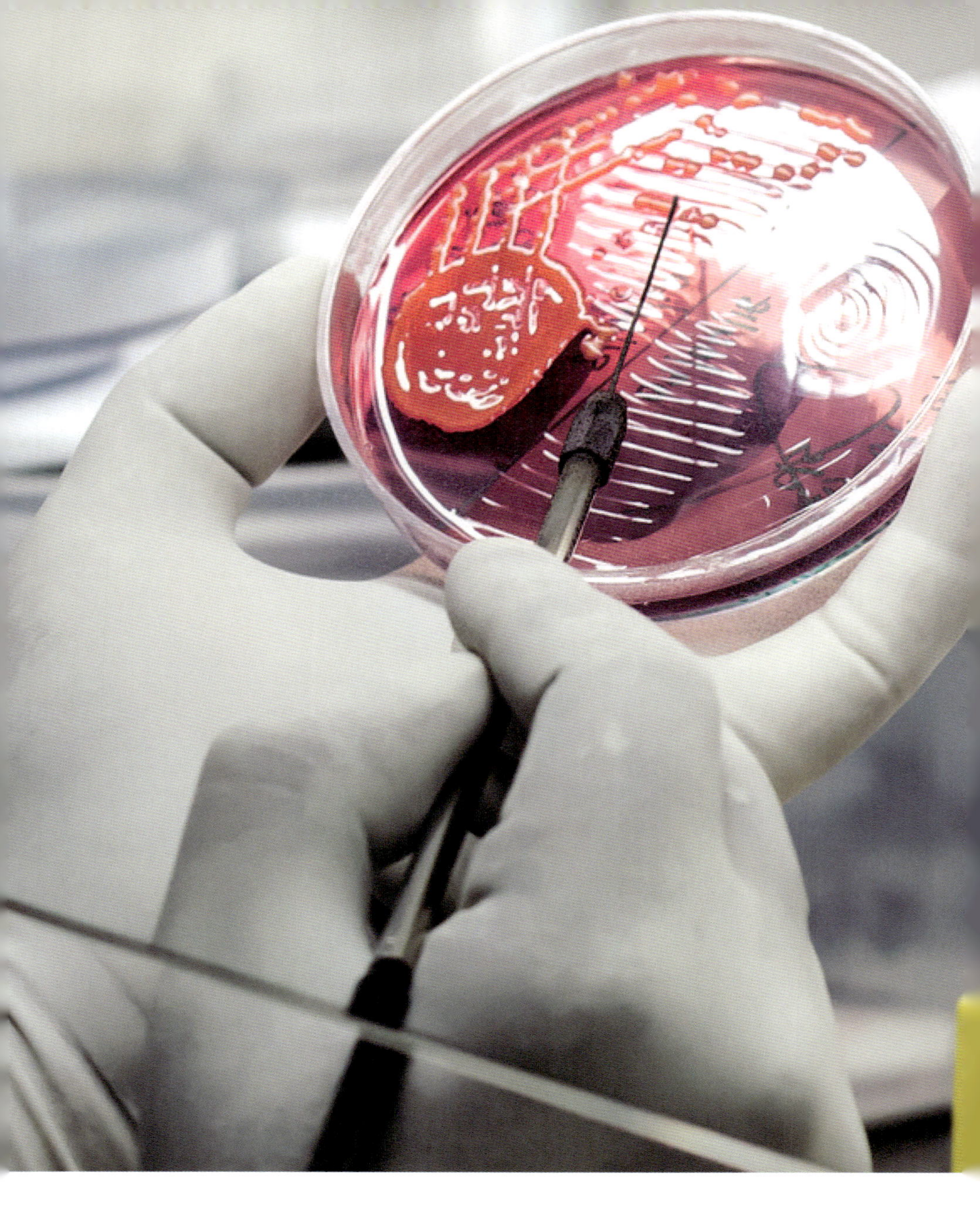

Q 微生物について、もっと教えて！

細菌を接種するループ（白金耳）を使って、
培養シャーレに細菌を接種している様子。

A
微生物を使ったアートもあります。

医学や産業だけでなく、芸術の分野にも進出しています。

微生物は意外な場面にも使われています。
世界では「微生物アート」のコンテストが開催されており、
その作品のなかには、微生物で描かれたとは思えないほど
彩り豊かで美しいものがあります。

Q1 微生物アートって、どう描くの？

A 寒天培地に微生物を培養して描きます。

微生物アートは、微生物を培養して描く芸術です。培養には寒天培地が使われ、それをキャンバスにして、微生物を塗布することで絵が描かれます。微生物を塗布している間は絵を確認できませんが、時間が経過し、微生物が培地上で増殖すると、絵が次第に浮かび上がってきます。

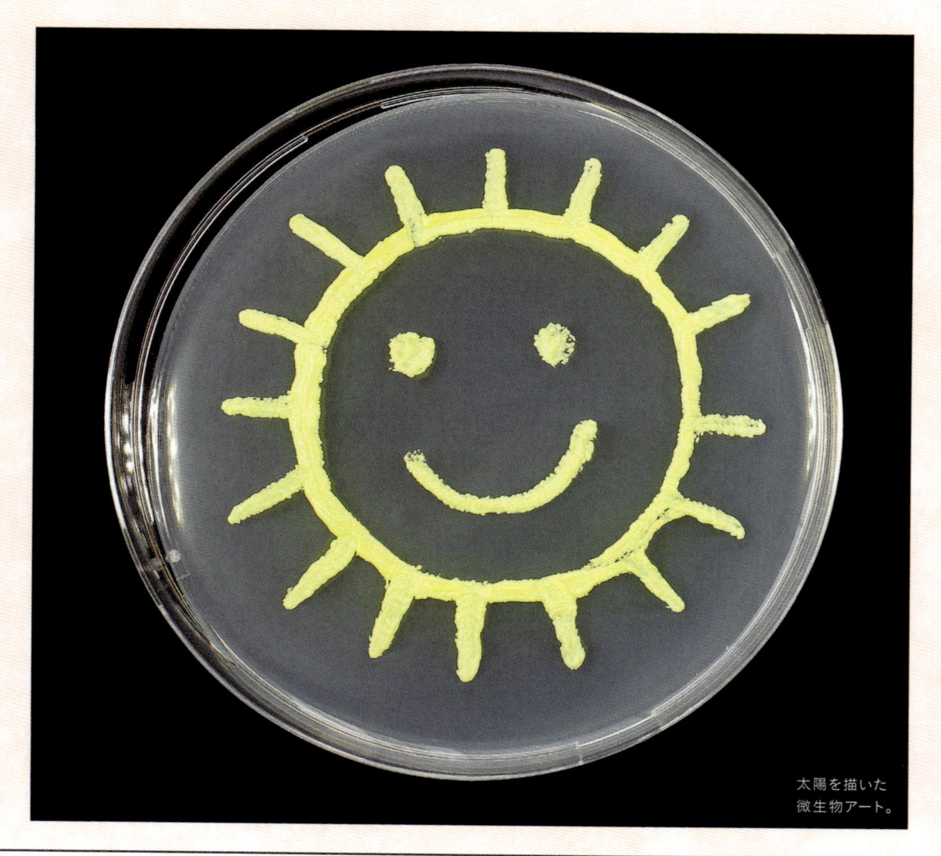

太陽を描いた
微生物アート。

Q2 色の違いは、どうやって出しているの?

A 微生物の種類の違いで出します。

色の違いは、微生物の種類によって表現されます。例えば、大腸菌は白色、メチロバクテリウム属の細菌は赤色、マイクロコッカス属の細菌は黄色に浮かび上がります。また、微生物の遺伝子操作を行えば、さまざまな色を出すことも可能です。

微生物を使って描いた帆船。

文字を書くこともできます。

Q3 微生物の培養方法を考えたのは、だれ?

A 医師・細菌学者のコッホです。

ドイツ生まれのロベルト・コッホ(1843~1910年)は、肉汁をゼラチンで固めた培地を使って、細菌を培養する方法を発案しました。この「純粋培養」と呼ばれる技法により、特定の病原菌がどのように感染症を引き起こすのかが明らかになりました。こうして、病気の原因を特定するための重要な手法が確立されたのです。

コッホは、結核の原因となる結核菌を発見しました。また、他にも多くの病原菌を発見し、その業績により、1905年にノーベル生理学・医学賞を受賞しました。

ジェンナーによる最初の予防
接種の様子を描いた絵画。

種痘発明100年を記念して建立された、東京国立博物館のジェンナー像（米原雲海作）。

微生物学界の偉人

エドワード・ジェンナー（1749～1823年）は、天然痘ワクチンを開発したイギリスの医師。ジェンナーは、「牛痘（天然痘に近い症状を引き起こす病気）」に感染した人が天然痘にかかりにくいことに着目しました。この特性を利用し、牛痘に感染した人の膿を接種することで、天然痘に対する免疫が得られることを証明しました。この方法は「種痘」と呼ばれ、現代のワクチン開発の礎となりました。

索引

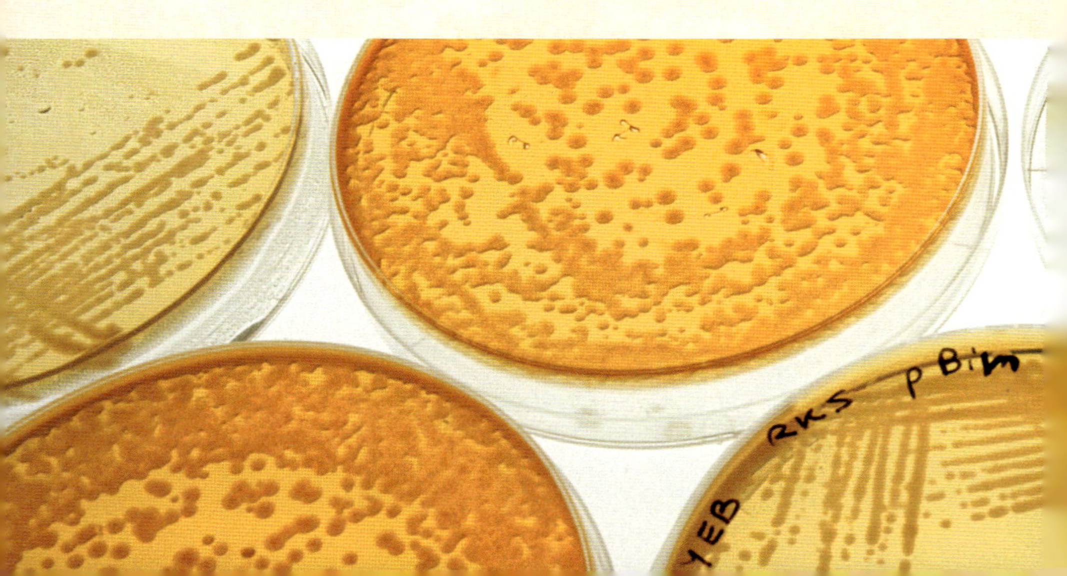

14
15
16
17
12
13
ADISK

主な参考文献

・『ずかん 細菌』鈴木智順（監修）、技術評論社
・『世界一やさしい！微生物図鑑』鈴木智順（監修）、新星出版社
・『ブラック微生物学 第３版（原書８版）』神谷茂ほか（監訳）、丸善出版
・『図解 身近にあふれる「微生物」が３時間でわかる本』左巻健男（著）、明日香出版社
・『森のふしぎな生きもの 変形菌ずかん』川上新一（著）、伊沢正名（写真）、平凡社
・『きのこ 季節と発生場所ですぐわかる』小宮山勝司（著）、永岡書店
・『発酵の技法 世界の発酵食品と発酵文化の探求』Sandor Ellix Katz（著）、オライリージャパン
・『「発酵」のことが一冊でまるごとわかる』齋藤勝裕（著）、ベレ出版
・『南方熊楠英文論考［ネイチャー］誌篇』飯倉照平（監修）、集英社

おわりに

微生物の世界はいかがでしたでしょうか。本書を通じて、目には見えないけれども、私たちの生活に深くかかわる微生物の驚くべき生態や多様性、影響力を感じていただけたと思います。

微生物は、病気を引き起こす一方、私たちの健康を支える存在でもあります。また、環境維持や食品生産においても、欠かせない役割を果たしています。近年、科学技術の進展により、これまで解明されていなかった微生物の生態が次々と明らかになっています。本書で、その一端を紹介できたことをうれしく思います。

これからも微生物に関する研究は進み、新たな発見が生まれることでしょう。引き続き、小さな生物たちが織りなす壮大な世界に、関心を寄せていただければ幸いです。

ライター　岡部 悟志

写真クレジット

カバー：©Science Photo Library/ アフロ
P1：©Nature Picture Library/ アフロ
P2：© アフロ
P4：©Science Photo Library/ アフロ
P6：©Alamy / サイネットフォト
P8：©Alamy / サイネットフォト
P8：© 株式会社 Gakken/ アフロ（ゾウリムシ）
P8：©Science Photo Library/ アフロ（ミドリムシ）
P8：©Avalon / サイネットフォト（大腸菌）
P9：©Alamy / サイネットフォト
P10：©Alamy / サイネットフォト
P12：©Alamy / サイネットフォト
P13：©Alamy / サイネットフォト（レーウェンフック）
P13：©Alamy / サイネットフォト（パスツールの実験室）
P14：©Alamy / サイネットフォト
P16：©Alamy / サイネットフォト（アリストテレス）
P16：©imageBROKER / サイネットフォト（ウナギ）
P17：©Alamy / サイネットフォト（パスツール）
P17：©Alamy / サイネットフォト（白鳥の首フラスコ）
P17：©Oleksandr / PIXTA（普通のフラスコ）
P18：©Alamy / サイネットフォト（破傷風菌）
P19：©Alamy / サイネットフォト（皮膚糸状菌）
P20：©Alamy / サイネットフォト
P21：©Alamy / サイネットフォト（球菌）
P21：©Alamy / サイネットフォト（桿菌）
P21：©Alamy / サイネットフォト（らせん菌）
P21：©Alamy / サイネットフォト（繊毛虫）
P22：©Alamy / サイネットフォト
P24：©Alamy / サイネットフォト（カビ）
P24：©Alamy / サイネットフォト（酵母）
P24：© 田中正秋 / サイネットフォト（キノコ）
P25：©Alamy / サイネットフォト（浴室）
P25：©Alamy / サイネットフォト（カビのコロニー）
P26：©Science Source/ アフロ
P28：©Science Source/ アフロ（アメーバ）
P28：©Alamy / サイネットフォト（珪藻）
P29：©Alamy / サイネットフォト（ミジンコ）
P30：©Alamy / サイネットフォト
P32：©Alamy / サイネットフォト
P34：©Science Source/ アフロ（菌糸体）
P34：©Alamy / サイネットフォト（ホコリタケ）
P35：©Biosphoto/ アフロ（アミガサタケ）
P35：© 脇田一平 / アフロ（シイタケ）
P36：©Alamy / サイネットフォト
P38：© 前田絵理子 / アフロ（ナメコ）
P38：©Arco Images/ アフロ（トリュフ）
P39：©Alamy / サイネットフォト（イヌセンボンタケ）
P39：© 田中秀明 / サイネットフォト（マツタケ）
P40：©Alamy / サイネットフォト
P42：©Alamy / サイネットフォト（イモムシと冬虫夏草）
P42：©Alamy / サイネットフォト（クモと冬虫夏草）
P43：©Alamy / サイネットフォト（イモムシと冬虫夏草）
P43：©Danita Delimont / サイネットフォト（ハエと冬虫夏草）
P44：©imageBROKER / サイネットフォト
P46：©Alamy / サイネットフォト
P48：©Alamy / サイネットフォト（ツチアミホコリ）
P48：©Alamy / サイネットフォト（ツノホコリ）
P49：©Alamy / サイネットフォト（ススホコリ）
P49：©imageBROKER / サイネットフォト（モジホコリ）
P50：© 森田敏隆 / サイネットフォト
P52：© 毎日新聞社 / サイネットフォト（南方熊楠）
P52：© 中山馨 / サイネットフォト（南方熊楠顕彰館）
P53：©Nature in Stock/ アフロ（マメホコリ）
P53：© 朝日新聞社 / サイネットフォト（柳田國男）
P54：©TAKASHIGE / PIXTA
P56：©Alamy / サイネットフォト
P57：©Alamy / サイネットフォト（シロアリ）
P57：©Alamy / サイネットフォト（カンピロバクター）
P58：©Alamy / サイネットフォト
P60：©Alamy / サイネットフォト
P61：©Alamy / サイネットフォト
P62：©Alamy / サイネットフォト
P64：©imageBROKER / サイネットフォト
P66：©Alamy / サイネットフォト
P67：©Science Source/ アフロ（アクネ菌）
P67：©Alamy / サイネットフォト（表皮ブドウ球菌）
P68：© 椿雅人 / サイネットフォト
P70：©Science Photo Library/ アフロ
P71：©Alamy / サイネットフォト
P72：©Album / サイネットフォト
P74：©Alamy / サイネットフォト
P75：©Science Source/ アフロ（ヨーグルト中の菌）
P75：©Alamy / サイネットフォト（ヨーグルト）
P76：© チリーズ / PIXTA
P78：©imageBROKER / サイネットフォト（ジャスミン）
P78：© 縄手英樹 / サイネットフォト（草津温泉）
P79：©Alamy / サイネットフォト（ストレス）
P79：©imageBROKER / サイネットフォト（ステーキ）
P79：©Alamy / サイネットフォト（香水）
P80：© 中島健蔵 / アフロ
P82：©Alamy / サイネットフォト（スネジャンカ）
P83：©Alamy / サイネットフォト（タラトール）

P84：©akg-images / サイネットフォト
P85：©Alamy / サイネットフォト（ヨーグルトづくり）
P85：©Alamy / サイネットフォト（メチニコフ）
P86：©Album / サイネットフォト（ロックフォールチーズ）
P87：©Album / サイネットフォト（ロックフォール村）
P88：©Alamy / サイネットフォト（青カビチーズ）
P88：© 田中秀明 / アフロ（白カビチーズ）
P89：©Album / サイネットフォト
P90：©jazzman / PIXTA
P92：©Alamy / サイネットフォト
P93：©Alamy / サイネットフォト（ホップ）
P93：©Alamy / サイネットフォト（酵母）
P93：©Alamy / サイネットフォト（生ビール）
P94：© サイネットフォト
P96：© イメージナビ / サイネットフォト（味噌）
P96：©Alamy / サイネットフォト（醤油）
P97：© セーラム / PIXTA
P98：©akg-images/ アフロ
P100：©Alamy / サイネットフォト
P101：©Alamy / サイネットフォト（もろみ）
P101：© イメージナビ / サイネットフォト（日本酒）
P102：©Masa Kato / PIXTA
P104：©Alamy / サイネットフォト
P105：©Alamy / サイネットフォト（稲わらと納豆）
P105：©Alamy / サイネットフォト（落ち葉）
P105：©Alamy / サイネットフォト（オクラ）
P106：©Alamy / サイネットフォト
P108：©imageBROKER / サイネットフォト
P110：©Alamy / サイネットフォト（カンピロバクター）
P110：©Alamy / サイネットフォト（ハチミツ）
P111：©BSIP agency/ アフロ（ボツリヌス菌）
P111：©Nishihama / PIXTA（卵かけごはん）
P112：© イメージナビ / サイネットフォト
P114：©Alamy / サイネットフォト
P115：©Alamy / サイネットフォト（クロカビ）
P115：©Alamy / サイネットフォト（レジオネラ菌）
P116：©Alamy / サイネットフォト
P118：©Alamy / サイネットフォト（マルセイユのペスト）
P118：©Alamy / サイネットフォト（ペスト菌）
P119：©Alamy / サイネットフォト（ネズミノミ）
P119：©Alinari/ アフロ（グリューネヴァルト）
P120：©Alamy / サイネットフォト
P122：©SIME/ アフロ
P124：©Alamy / サイネットフォト（北里柴三郎）
P124：©Alamy / サイネットフォト（イェルサン）
P125：© 朝日新聞社 / サイネットフォト（福沢諭吉）
P125：© 朝日新聞社 / サイネットフォト（野口英世）
P126：©BSIP agency/ アフロ
P128：©BSIP agency/ アフロ
P129：©Alamy / サイネットフォト（飛沫感染）
P129：©Photo12 / サイネットフォト（結核病棟）
P129：©Photo12 / サイネットフォト（アンクル・トムの小屋）
P130：©Alamy / サイネットフォト（ヘリコバクター・ピロリ）
P131：©Alamy / サイネットフォト（幽門）
P132：©Alamy / サイネットフォト
P133：© サイネットフォト（井戸）
P133：©Alamy / サイネットフォト（大腸菌）
P134：©Science Photo Library/ アフロ
P136：©Alamy / サイネットフォト
P138：©Alamy / サイネットフォト（チーズ）
P138：©Universal Images Group / サイネットフォト（フレミング）
P139：©Universal Images Group / サイネットフォト（シャーレ）
P139：©Universal Images Group / サイネットフォト（ペニシリンの生成）
P140：©Avalon / サイネットフォト（ジンベエザメ）
P141：©Avalon / サイネットフォト（アシカ）
P142：© 南 俊夫 / アフロ（小さなプラスチック）
P142：© 渡辺広史 / アフロ（トウモロコシ畑）
P143：©mauritius images/ アフロ（木漏れ日）
P143：©Science Source/ アフロ（コップ）
P144：©imageBROKER / サイネットフォト
P146：©Alamy / サイネットフォト（バイオ燃料）
P146：©Alamy / サイネットフォト（バイオエタノール）
P147：©imageBROKER / サイネットフォト（ごみの廃棄）
P147：©AP/ アフロ（タンカー）
P148：©Alamy / サイネットフォト
P150：©Alamy / サイネットフォト
P151：©Science Photo Library/ アフロ（帆船）
P151：©Science Photo Library/ アフロ（文字）
P151：©Alamy / サイネットフォト（コッホ）
P152：©Granger Collection / サイネットフォト
P153：©Dorling Kindersley/ アフロ
P154：©Science Photo Library/ アフロ
P156：©Science Photo Library/ アフロ
P158：©lassie / PIXTA
P160：© アフロ

世界でいちばん素敵な
微生物の教室

2025年4月1日　第1刷発行

監修　鈴木智順（東京理科大学教授）

編集　石川守延（カルチャー・プロ）
文　岡部悟志
写真　サイネットフォト、アフロ、PIXTA
イラスト　北嶋京輔
装丁　公平恵美
DTP　小澤都子（レンデデザイン）

真菌の一種、シンケファラストルム・ラセモスムの着色走査型電子顕微鏡（SEM）画像。

発行人　塩見正孝
編集人　神浦高志
販売営業　小川仙丈
中村崇
神浦絢子
遠藤悠樹

印刷・製本　株式会社シナノ

発行　株式会社三才ブックス
〒101-0041
東京都千代田区神田須田町2-6-5
OS' 85ビル3F
TEL：03-3255-7995
FAX：03-5298-3520
http://www.sansaibooks.co.jp/
mail　info@sansaibooks.co.jp